Des univers multiples

Aurélien Barrau

Des univers multiples

Nouveaux horizons cosmiques

EKHO

Maquette de couverture : Delphine Dupuy
Illustrations de l'intérieur : Bernadette Coleno,
sauf pour l'illustration de la p. 138,
réalisée par Rachid Maraï

Photographie de l'auteur (couverture) :
© Ema Berramdane

Composition : Nord Compo

11 rue Paul Bert, 92240 Malakoff
www.dunod.com
ISBN 978-2-10-080687-4

Prologue

> *« Elle part. Elle demande une indication pour se perdre.*
> *Personne ne sait. »*
>
> Marguerite Duras, *India Song*

Le satellite Planck nous a livré avec une précision inouïe la première lumière de l'Univers. Ce rayonnement fossile dessine le fascinant visage de l'enfance du Cosmos. Au-delà, il porte à notre connaissance des détails inespérés sur les lois physiques à l'œuvre quelques milliardièmes de milliardièmes de milliardièmes de secondes après le Big Bang.

La course est maintenant ouverte pour dépasser ces mesures formidables, et de nouveaux instruments sont d'ores et déjà en préparation pour tenter de détecter les ondes gravitationnelles primordiales qui constitueraient non seulement un indice supplémentaire en faveur de l'inflation et un écho de l'Univers très jeune, mais aussi le premier signal de gravitation quantique jamais observé. La difficulté de la démarche est à la hauteur de l'enjeu, mais l'observation, par l'interféromètre LIGO, des ondes de gravité émanant de la coalescence de trous noirs est plus qu'encourageante.

Pendant ce temps, le LHC (*Large Hadron Collider, Grand collisionneur de hadrons*) du CERN dévoile les caractéristiques fines du champ de Higgs et tente de mettre en lumière d'autres particules élémentaires venant compléter ou modifier le « modèle standard » de l'infiniment petit.

Cette effervescence instrumentale s'accompagne d'un immense foisonnement théorique. Qu'il s'agisse de relativité générale, de gravitation quantique ou de théorie des cordes, des idées nouvelles viennent à la fois renforcer et « infecter » notre modèle cosmologique, c'est-à-dire la compréhension profonde à laquelle nous sommes parvenus quant à l'histoire, à la forme et au devenir de l'Univers. L'ensemble du scénario est à la fois très bien étayé, par de multiples observations, et extrêmement fragile, grevé par de nombreux paradoxes.

Le moment est donc venu d'interroger l'ensemble de l'édifice. Moins pour tenter de l'effondrer ou de le défaire que pour en sonder de nouvelles ramifications, le prolonger au-delà même du visible ou du concevable. C'est l'enjeu du *multivers*.

Le concept d'univers multiples est simultanément extrêmement révolutionnaire, puisqu'il redessine les contours du réel et invente un ailleurs radical, et relativement conservateur, puisqu'il n'est pour l'essentiel que la conséquence de théories dont certaines sont très bien établies et abondamment testées.

J'ai tenté de présenter ici – sans prétendre à l'exhaustivité – quelques-uns des enjeux du multivers à un public non spécialiste mais de bonne culture scientifique. Parce que ces idées physiques sont aussi prises dans une histoire – nécessairement philosophique et métaphysique –, je me suis autorisé, ici et là, quelques digressions utiles pour mettre en perspective les interrogations que le modèle ne peut manquer de susciter.

Le multivers est peut-être la revanche de Dionysos sur une physique trop apollinienne…

1
Qu'appelle-t-on un univers ?

> «*Et le centre était une mosaïque d'éclats, une espèce de dur marteau cosmique, d'une lourdeur défigurée, et qui retombait sans cesse comme un front dans l'espace, mais avec un bruit comme distillé. Et l'enveloppement cotonneux du bruit avait l'instance obtuse et la pénétration d'un regard vivant.*»
>
> Antonin Artaud, *L'ombilique des limbes*

L'image globale

Se pourrait-il que notre Univers tout entier, la totalité de ce qui nous entoure, des étants comme des devenirs, des particules comme des ondes, des mots comme des choses, ne soit qu'un îlot dérisoire et insignifiant perdu dans un vaste *multivers* ? Plus étonnamment encore, ces univers multiples seraient-ils imbriqués les uns dans les autres, conduisant à une structure gigogne de mondes en « poupées russes » ? C'est l'image, spéculative par endroits, plus fiable en d'autres lieux, que propose la physique contemporaine. C'est, au moins, une éventualité compatible avec ce qui est connu et compris. La physique n'est d'ailleurs peut-être pas plus unique ou unifiée en elle-même que le ou les mondes qu'elle décrit. La pensée dite « rationnelle » fait face à une diversité sans précédent. S'y déconstruira-t-elle ? S'y renouvellera-t-elle au point de voir ses fondements eux-mêmes réélaborés ?

L'histoire des sciences est dans une large mesure l'histoire d'un apprentissage de la modestie. Freud évoquait à ce propos des « blessures narcissiques » : l'abandon du géocentrisme, par exemple, ne fut pas aisé. Comprendre que la Terre n'est pas au centre – ou n'est pas plus au centre que n'importe quel autre point – de l'Univers ne fut évidemment pas une évolution sans douleur.

Ensuite, accepter que l'Homme est un animal parmi les autres, qu'il n'est pas même, comme on le dit encore souvent, un cousin du singe mais que, strictement parlant, il *est* l'un des grands singes, constitue une évolution plus difficile encore à admettre. Alors que le débat scientifique sur ce point est clos depuis longtemps et ne laisse plus la place au moindre doute raisonnable, alors même que penser l'Homme dans la Nature – et non pas en opposition à celle-ci – est aujourd'hui presque autant une nécessité éthique qu'une évidence biologique, les réticences demeurent étonnamment nombreuses. Relents, sans doute, de dogmatismes anthropocentrés et de croyances confortablement installées dans leur arrogance hautaine. Il n'est donc pas étonnant que l'idée de déchoir notre univers lui-même de son piédestal suscite un certain inconfort, voire d'épidermiques oppositions.

Il y a un sens très clair à l'évolution de nos représentations du Cosmos. Elles furent d'abord géo-centrées, octroyant à la Terre une place très particulière et privilégiée. Elles devinrent hélio-centrées, conférant au Soleil un rôle prépondérant. Elles se firent ensuite galacto-centrées, attribuant un net primat à notre essaim d'étoiles, la Voie Lactée. Puis elles virèrent cosmo-centrées, portant notre univers au pinacle des possibles. Aujourd'hui, se pose la question d'un nouveau – peut-être d'un dernier – pas dans cette évolution : la possible découverte d'un a-centrisme radical, d'une forme de *dissémination* catégorique, qu'on l'entende en son acception commune, scientifique ou philosophique. Comme chacune des structures précédemment considérées, c'est l'univers lui-même qui cesserait aujourd'hui d'être unique et central pour se voir réinterprété comme un simple exemplaire dans un ensemble plus vaste et peut-être même infini.

Les univers multiples peuvent intervenir de diverses manières. Ce peut être en un sens faible, par exemple celui d'un espace immense où les phénomènes varient d'un monde à l'autre mais où les lois restent les mêmes, ou bien en un sens très fort, par exemple celui d'univers-bulles non régis par les mêmes principes physiques. La diversité de ce qui pourrait alors se déployer dépasse l'entendement et peut-être même l'imagination. Certaines de ces prédictions concernant l'existence de multiples univers sont hautement crédibles parce qu'elles émanent de théories bien connues et bien testées. Elles font partie du paradigme dominant, fut-ce de manière insidieuse. Elles se contentent de mieux scruter ou d'exploiter plus avant le *déjà connu*. D'autres, au contraire, sont extrêmement spéculatives parce qu'elles résultent de modèles qui, aussi attrayants et élégants soient-ils, ne jouissent d'aucun support expérimental. Il convient de les distinguer scrupuleusement.

Ces multivers posent des questions fondamentales. Des questions sur la nature du monde et sur la nature de la science. Sur le sens de nos mythes et sur la possibilité même de définir ce sens. Quelles que soient les conclusions que l'on tire d'une confrontation avec ces propositions, elles ont le mérite de susciter quelques interrogations abyssales qu'une pratique purement technique de la physique pourrait avoir tendance à passer sous silence, voire à délibérément omettre. Elles ont la vertu de déranger. Elles peuvent constituer la pulsion inchoative qui poussera vers une découverte sans précédent ou bien le réenchantement de ce qu'on savait finalement déjà sans en avoir pris toute la (dé) mesure. Dans tous les cas, les linéaments du dicible s'en trouvent redessinés.

Un monde, des mondes

Naturellement, l'idée même d'univers multiples peut à raison sonner comme une contradiction dans les termes. Un impossible, un oxymore ! Si l'Univers est le tout, il est par définition unique et total. En latin, *universum* provient de la composition de *uni* et de *versum*, et réfère donc à ce qui est tourné vers l'un, à ce qui est versé dans une même direction, à ce qui est fondamentalement unitaire jusque dans le socle de sa visée.

Dans sa délicieuse polysémie constitutive, le grec ouvre d'autres sens, plus diffus, avec *cosmos*. C'est naturellement aussi la totalité qui est ici désignée, mais c'est également l'idée consubstantielle d'un ordre, d'une convenance raisonnable, d'une harmonie en devenir. C'est enfin l'image d'une beauté en un sens léger et presque futile. Mais l'unité n'en demeure pas moins, ici aussi, essentielle.

Le cadre scientifique invite à revoir et modérer cette acception de ce qu'est l'Univers. Il ne donne pas une définition unique et non ambiguë mais impose, dans une certaine mesure, de restreindre l'étendue du concept.

En cosmologie physique, il est habituel de nommer « univers » la zone spatiale qui nous est causalement liée. Autrement dit, tout ce qui aurait pu avoir (mais n'a pas nécessairement eu, en fait) une interaction avec nous. Ce qui correspond essentiellement à définir l'univers comme ce qui se trouve dans une sphère dont le rayon correspond à la distance la plus lointaine à laquelle il serait possible de voir, en utilisant un télescope infiniment puissant et capable de détecter tous les types d'entités existantes. Parce que la vitesse à laquelle se propage la lumière est finie, cette distance n'est pas infiniment grande. Ce qui est hors de cette limite demeure *stricto sensu* invisible, quelle que soit l'ingéniosité technologique déployée. Au-delà, c'est un ailleurs radical : aucune de nos causes ne peut le toucher, rien de ce qui s'y passe ne peut avoir de conséquence ici. Il y a déconnexion. Quel sens scientifique y aurait-il donc à inclure cet ailleurs dans notre univers ? Il est plus cohérent et plus prudent de limiter celui-ci à l'ensemble de ce qui est connaissable, si ce n'est en fait, au moins en principe.

Aussi approximative soit-elle à ce stade, cette définition témoigne d'une évolution fondamentale par rapport à la vision initiale : il n'est plus question de l'Univers mais de *notre* univers. Des observateurs sur une hypothétique lointaine planète habitée nommeraient alors « univers » une autre sphère centrée sur cette planète. La vision n'est plus absolue : elle devient relative à celui qui l'énonce et à sa position dans l'espace. Et c'est en effet ce qui a un sens scientifique : l'univers est ce sur quoi une investigation directe, claire et reproductible est possible. Deux conséquences immédiates doivent en être tirées. D'abord, il s'ensuit qu'il est effectivement loisible, en ce sens, de penser la possibilité d'autres univers. Le terme ne désigne plus la totalité physique et métaphysique de l'existant sans limite aucune. Ensuite, il est évident qu'il n'y a pas la moindre raison que quoi que ce soit cesse aux frontières de notre univers. De la même manière que la mer continue évidemment d'exister au-delà de l'horizon de la vigie d'un navire, il est très raisonnable de considérer que l'espace ne s'achève pas à la frontière – très arbitraire et relative – de notre univers.

On peut imaginer d'autres définitions du concept d'univers. Il est, par exemple, possible de considérer qu'il faut y inclure non pas seulement tout ce qui serait potentiellement visible aujourd'hui, fut-ce avec une technologie parfaite, mais aussi tout ce qui le serait dans un futur arbitrairement long. On peut aussi aller encore au-delà et décider que l'ensemble de la « bulle » de mondes où les lois physiques sont les mêmes constitue réellement l'univers.

De telles bulles pourraient être créées par l'inflation cosmologique, c'est-à-dire par l'expansion accélérée des distances qui eût lieu dans un passé très reculé et fut récemment corroborée par les nouvelles mesures de l'expérience Planck. Toutes ces visions sont acceptables et effectivement utilisées dans certaines circonstances. Il nous faudra, selon le contexte, jongler de l'une à l'autre. Mais quel que soit le choix, il n'est plus question de l'Univers en tant que « grand tout » : il s'indexe à celui qui le pense et perd son caractère absolu et hégémonique.

En ce sens, les univers sont très vraisemblablement multiples. Peut-être même sont-ils infiniment nombreux et dissemblables. Cette diversité prolonge et, probablement, achève le geste d'humilité initié par la déconstruction du géocentrisme. L'Homme commence à prendre conscience de l'existence d'une strate de pluralité qui dépasse radicalement toutes les précédentes en portée, en immensité et en densité. Elle concerne bien évidemment le champ scientifique, qui la dessine et l'assied, mais également les sphères philosophiques et esthétiques. Ce qui se joue ici déborde la simple ambition descriptive et normative de la physique : l'ensemble de nos être(s)-au (x)-monde(s) est convoqué et, certainement, infléchi.

Les lois

La physique se doit de distinguer scrupuleusement les lois des phénomènes. Les lois sont nécessaires et immuables, les phénomènes sont contingents et variables. Cette dichotomie joue un rôle crucial. Le temps, par exemple, altère les objets et les processus, plus encore les vivants, mais jamais les lois elles-mêmes. Nous vieillissons, nous périssons, nous pourrissons… Mais les lois physiques qui régissent notre corps, elles, ne vieillissent pas ! De même, quand un fruit arraché par une bourrasque d'été chute vers le sol, sa position et sa vitesse évoluent avec le temps, mais la loi de Newton qui permet de calculer sa trajectoire, elle, n'évolue pas. Les lois sont les mêmes partout et toujours. C'est même à partir de cette définition que sont démontrées quelques propriétés physiques fondamentales comme la conservation de l'énergie ou les fondements de la relativité restreinte.

Et c'est précisément cette acception des lois qui a été doublement mise à mal par la science contemporaine. D'abord, parce que la physique des particules a montré que les symétries fondamentales sont souvent brisées de manière aléatoire. Considérons l'exemple d'une bille : si elle est posée au sommet d'une aiguille dirigée vers le haut, elle se trouve initialement dans un état parfaitement symétrique par rotation autour de l'axe. Mais l'équilibre est instable. Bientôt, elle tombe et l'état final n'est plus invariant : une direction particulière a été singularisée – comme choisie – au hasard. La bille n'est pas tombée simultanément tout autour de l'aiguille. On nomme ce phénomène une « brisure spontanée de symétrie ». Tout porte à croire que nos lois résultent d'une telle évolution et auraient donc pu être autres. Mais si nos lois ont une histoire, elles deviennent donc étonnamment similaires à des phénomènes… En « rejouant » l'histoire de l'Univers, il est probable que nous ne parviendrions pas aux mêmes lois : celles-ci réapparaissent donc comme de simples paramètres environnementaux. Ensuite, parce que certaines théories tendent aujourd'hui à générer non pas une loi, mais un ensemble très vaste de lois possibles. Les lois seraient alors susceptibles de varier d'un lieu à l'autre. Il s'ensuivrait une diversité inconcevable. Ôter aux lois leur invariabilité spatiale et temporelle n'est pas un geste anodin.

Si les lois elles-mêmes sont sujettes à variations, éventuellement considérables, si différents univers sont structurés par différentes lois, alors tout ou presque devient possible. Des mondes sans matière, des mondes sans lumière, des mondes sans temps peut-être… Des mondes à sept dimensions, des mondes aux galaxies plus vastes que notre propre univers, des mondes arides et des mondes glacés… Bien sûr, cette sidérante diversité ne doit pas naître d'un simple désir d'étrangeté ou d'une posture *ad hoc*. Pour constituer un cadre scientifique signifiant, cette structure de « multivers » doit résulter de modèles bien définis reposant sur des calculs sous contrôle et des confirmations expérimentales. C'est parfois le cas. Mais cela demeure, dans d'autres circonstances, beaucoup moins clair. Quelque chose d'important se joue ici, à la confluence de nombreux savoirs et de lancinantes inquiétudes. Quelque chose de grave et, dans le même temps ou le même geste, de léger et d'exaltant. Quelque chose de rare et de précieux, d'émouvant et d'angoissant.

Figure 1.1. Un multivers.

La perte de l'Univers est peut-être belle d'être douloureuse.

La science, quel que soit le sens que l'on donne à son concept, quelle que soit la définition à laquelle chacun choisira de s'en tenir, se doit d'être à la fois prudente et aventureuse, humble et arrogante, modeste et ambitieuse. Le multivers oblige à penser le paradoxe et cette double injonction.

2
Et si l'espace était infini ?

> « *Cette nuit, la tempête décoiffa mes songes et les tordit en cauchemars. Dans les serres des tableaux de Bosh je m'empêtrais, mon sexe étranglé par des ronces, ma poitrine disloquée par des mâchoires à six rangées de dents.* »
>
> Véronique Bergen, *Requiem pour le roi*

La taille de l'univers

Il suffit de lever les yeux vers le firmament, lors d'une froide nuit d'hiver non encore gâchée par la pollution urbaine, pour se rendre immédiatement compte que la distance à laquelle se situent les étoiles est extrêmement difficile à évaluer. Elles pourraient être prises pour de petites lucioles situées à quelques dizaines de mètres, aussi bien que pour des objets très lumineux se trouvant à des distances considérables. Il n'est pas possible de se rendre sur place avec une chaîne d'arpenteur pour mesurer la distance qui nous en sépare ! Or cette question est pourtant essentielle parce qu'elle conditionne de façon cruciale notre représentation de l'ensemble du Cosmos. Elle ouvre même la porte à cette interrogation essentielle : l'espace est-il infini ?

Pour estimer la distance des étoiles, il existe une méthode très simple : utiliser la parallaxe. Quand un objet est proche de nos yeux, il faut loucher pour le scruter correctement. Plus il est éloigné, plus nos yeux deviennent parallèles. C'est exactement l'idée qui sous-tend cette approche : on peut estimer la distance qui nous sépare d'un astre à partir de la « convergence » de deux télescopes qui le scrutent. S'ils pointent fortement l'un vers l'autre, l'objet céleste est proche, s'ils sont presque parallèles, il est fort lointain. Naturellement, plus les télescopes sont éloignés l'un de l'autre, plus la mesure est précise. On peut même prendre un seul télescope et attendre six mois, auquel cas, à cause du mouvement de la Terre autour du Soleil, il aura parcouru une distance d'environ trois cent millions de kilomètres par rapport à la première mesure. Cette technique est simple et fiable. Elle a permis de mesurer des distances jusqu'à cent années-lumière environ, soit à peu près un million de milliards de kilomètres. Si elle ne permet pas d'aller au-delà, ce n'est pas parce que l'Univers s'achève mais parce qu'elle ne fonctionne plus : les angles de convergence sont trop petits pour être mesurés. Déjà, cette approche montre que l'Univers est très grand… Beaucoup plus grand que notre planète, que notre étoile et même que notre système solaire. Et que l'Univers est vide : si les étoiles étaient des brins d'herbes, l'écart entre eux serait de plus de 100 kilomètres !

Pour mesurer des distances plus importantes, les astronomes utilisent une idée plus élémentaire encore : la décroissance de l'éclat apparent avec l'éloignement. Une flamme de bougie placée à une centaine de mètres est en effet à peine perceptible. Au contraire, à proximité directe de l'œil, elle devient aveuglante. La distance peut donc être estimée à partir de la quantité de lumière reçue. À ce détail près que dans le cas de la bougie, l'éclat total – ou intrinsèque – de la flamme est connu. Or ce n'est pas le cas pour les étoiles : comment distinguer une étoile très brillante et lointaine d'une étoile peu brillante mais proche ? C'est *a priori* impossible ! Et c'est précisément la raison pour laquelle des étoiles très spécifiques sont utilisées : les céphéides. Celles-ci présentent en effet un éclat qui varie de façon régulière avec le temps et la période de cette pulsation renseigne sur la luminosité totale de l'étoile. C'est justement l'ingrédient qui manquait ! Connaissant de cette manière la luminosité absolue de l'étoile (sa brillance propre), et en la comparant avec sa luminosité apparente (ce qui est mesuré par le détecteur du télescope) il est possible de déterminer sa distance. Cette méthode identifie des étoiles jusqu'à environ un million d'années-lumière, soit dix mille millions de milliards de kilomètres. Au-delà, les étoiles ne sont plus assez brillantes pour être résolues. L'Univers, manifestement, est immense… Il n'est en aucun cas avare en espace.

Mais il est possible d'aller plus loin encore. Dans un milieu en expansion, la vitesse à laquelle deux points se séparent est proportionnelle à leur distance. Il est aisé de l'imaginer avec un élastique tiré par ses deux extrémités : ces dernières s'éloignent naturellement plus vite l'une de l'autre que des points très rapprochés. Il suffit donc de mesurer la vitesse d'éloignement d'une galaxie lointaine pour en déduire sa distance. Or, justement, il est possible de mesurer cette vitesse ! C'est ce que permet l'effet Doppler : la fréquence de la lumière est décalée par la vitesse. En évaluant ce décalage, nous pouvons estimer la vitesse et donc la distance. Cette fois, ce ne sont plus des étoiles isolées qui sont observées mais des galaxies entières : il est donc possible de voir beaucoup plus loin.

Et, de fait, il fut possible de cette manière d'observer des objets jusqu'à environ dix milliards d'années-lumière, soit cent millions de milliards de milliards de kilomètres. L'Univers est extraordinairement grand ! Il est absolument gigantesque.

Au-delà de cette distance (approximativement), il n'est plus possible d'observer quoi que ce soit. Mais ici la limite est de nature physique et non pas technique. Elle n'est pas due à une déficience instrumentale mais à l'horizon cosmologique. Parce que la vitesse de la lumière et l'âge de l'Univers sont finis, il n'est pas possible de voir arbitrairement loin. Cet horizon est similaire à celui qui limite la distance à laquelle on peut observer depuis le point culminant d'une tour ou d'une montagne du fait de la rotondité de la Terre. Mais cela ne signifie évidemment pas que la Terre s'achève en ce lieu au-delà duquel aucune longue-vue ne permet d'observer ! La question de l'au-delà est même exactement celle que nous ne pouvons éluder. Celle qui ne peut que stimuler nos désirs de découverte et nos espoirs de compréhension.

Supposons que nous cherchions à savoir si la Terre a une surface finie ou infinie. Si celle-ci était effectivement infinie, il ne serait pas possible de le savoir avec certitude. Nous ne pourrions que le supposer à partir de ce qui est visible au sein de l'horizon. Il est impossible de toucher ou de voir l'infini. A contrario, si sa surface est finie, il est possible que la portion visible présente une courbure suffisante pour qu'on puisse deviner la forme sphérique du globe grâce à ce qui est observé. Il est ainsi envisageable d'inférer la taille globale de la Terre sans la voir entièrement. C'est aussi en ces termes que se pose la question en cosmologie : il s'agit de déterminer la « taille » de l'Univers à l'aide de ce qui est visible au sein de notre horizon et cela pose quelques difficultés puisqu'il se pourrait que ce ne soit qu'une infime partie ! Il se trouve qu'aucune courbure n'est actuellement visible.

L'Univers est donc vraisemblablement beaucoup, beaucoup plus grand que ce qui est observable. Mais est-il infini pour autant ? Ce n'est pas acquis…

La relativité générale

Fort heureusement, nos observations du Cosmos vont de pair avec une base théorique à la fois solide et élégante, claire et cohérente, subversive et raffinée : la relativité générale.

La grande théorie d'Einstein établit quelque chose de sidérant. Elle montre, de manière parfaitement convaincante, que l'espace – au sens de la géométrie – n'est pas figé et immuable, mais qu'il est susceptible de se déformer et de se distendre. L'espace réagit à la présence de la matière, il n'est plus un invariant, un donné pur, mais devient un matériau malléable. L'un et l'autre sont intimement et indéfectiblement liés. Si un petit objet est lancé il décrira une trajectoire parabolique. Non pas, comme l'aurait énoncé Newton, parce que la force gravitationnelle de la Terre le dévie vers le sol, mais, comme le propose Einstein, parce qu'il se déplace en ligne droite, ou aussi droite que possible, dans l'espace courbé par la présence de la Terre.

Mais une question survient immédiatement : si l'espace lui-même est courbe, pourquoi une balle de golf frappée violemment atteindra-t-elle un point situé quelques mètres plus loin suivant une trajectoire quasi-rectiligne alors qu'une balle en mousse lancée depuis le même endroit l'atteindra suivant une courbe en cloche ? N'y a-t-il pas ici contradiction puisque le même espace semble, suivant le corps qui s'y meut, exhiber une courbure différente ? Le paradoxe se dénoue dès qu'il est pris en compte qu'à strictement parler, ce n'est pas l'espace qui est courbe mais l'espace-temps ! La balle de golf ne prend que quelques centièmes de secondes pour effectuer le court trajet tandis qu'il faudra typiquement une ou deux secondes à la balle en mousse : la trajectoire de cette dernière est donc considérablement « étirée » suivant l'axe du temps, ce qui n'est pas le cas de la première. En calculant proprement les courbures spatio-temporelles, et non plus seulement spatiales, associées à ces deux trajectoires, il apparaît qu'elles sont bien identiques et constituent ainsi effectivement une caractéristique propre de l'espace-temps.

La relativité générale va plus loin encore. Elle ne montre pas seulement que l'espace (ou plus précisément donc l'espace-temps) peut se déformer, elle montre aussi qu'il est une entité dynamique. À l'instar des particules ou des rayonnements, l'espace est régi par des équations d'évolution. Il s'agit de tout sauf d'un détail technique.

Que l'espace « évolue » constitue à la fois une immense révolution et une remarquable unification : il n'est plus fondamentalement – ontologiquement – différent des autres objets ou phénomènes. L'expansion de l'Univers – la clef du modèle du Big Bang – n'est pas un mouvement des galaxies qui seraient dotées de vitesses propres par rapport à l'espace : elle est une dilatation de l'espace lui-même. Les corps célestes s'éloignent parce que le « matériau-espace » dans lequel ils se trouvent est en train d'enfler ou de gonfler. Ce n'est pas seulement une observation mais aussi une prédiction de la théorie d'Einstein.

Le modèle est remarquablement cohérent. Le satellite Planck a permis de mesurer l'âge de l'Univers avec une précision inégalée : 13,79 milliards d'années.

La quasi-totalité de cette histoire, sauf le premier milliardième de milliardième de milliardième de seconde, est extrêmement bien décrite par la relativité générale. Planck résulte d'une collaboration d'environ soixante-dix laboratoires qui a demandé plus de vingt ans de travail acharné. En cartographiant avec une précision inouïe le rayonnement fossile, la première lumière de l'Univers, l'expérience a fait entrer la cosmologie dans une ère de haute précision. Nous connaissons maintenant, à maints égards, les débuts de notre univers bien mieux que ceux de la Terre ou du Soleil ! Le défi technologique qui consistait à faire fonctionner un détecteur très complexe à une température de seulement 0,1 degré au-dessus du zéro absolu, et ce à plus d'un million de kilomètres de la Terre, a porté ses fruits. Les mesures résultantes constituent une image précise de l'univers primordial permettant de répondre à de nombreuses questions de physique contemporaine, mais elles sont aussi une contribution au patrimoine scientifique de l'humanité. Certaines cartes correspondant aux fluctuations de températures, obtenues avec une précision ultime (parce que limitée par la physique et non pas par l'instrument), ne seront sans doute jamais refaites : il n'y a plus d'amélioration possible, toute l'information disponible y est présente. Elles sont, pour toujours, disponibles pour de futures analyses.

La relativité générale présente une conséquence intéressante quant à la possibilité d'univers multiples, ce qui est d'autant plus significatif que cette théorie est tout sauf spéculative. Elle est non seulement l'une des mieux comprises mais aussi l'une des mieux testées. D'innombrables mises à l'épreuve dans des systèmes astrophysiques divers et variés ont montré l'extraordinaire adéquation des prédictions de la relativité générale avec les observations.

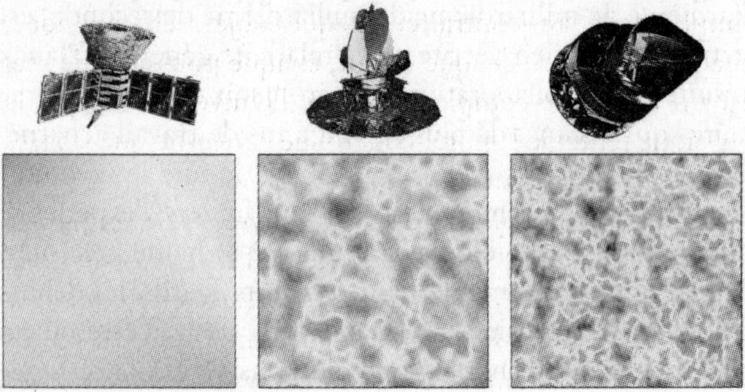

Figure 2.1. Amélioration de la résolution avec laquelle le fond diffus cosmologique a été observé par les trois générations successives d'expériences spatiales l'ayant mesuré.

Crédit : ESA – collaboration Planck et NASA – collaborations WMAP et COBE.

Les systèmes binaires de pulsars sont, en ce sens, des objets inespérés. Les pulsars étant en rotation rapide et régulière sur eux-mêmes, ils constituent des horloges d'une précision redoutable. Mais quand nous observons, de plus, le mouvement d'un pulsar autour d'un astre compact ou d'un autre pulsar, nous disposons d'un scénario idéal : une montre se déplaçant dans un champ gravitationnel intense !

Rien de plus adéquat ne pourrait être rêvé pour tester la relativité. Et le fait est que toutes ces données confirment la validité de la relativité. Les théories qui tentent de l'étendre ou de la modifier ont beaucoup de difficultés à passer ce test draconien. Nous savons qu'il s'agit d'une théorie fiable.

Il est donc signifiant de l'appliquer à un système très simple : l'Univers. Non pas que ce qui s'y trouve soit simple, tout au contraire, chaque objet, chaque idée, chaque sensation, chaque vivant, chaque poussière de réel est un océan de complexité. Mais l'Univers – tel que la physique tente de l'appréhender – ne concerne que les très grandes échelles spatiales.

La forme et la matière de ce petit livre, par exemple, ne font pas partie de ce que la science de l'Univers doit pouvoir décrire. Celle-ci ne s'intéresse qu'aux effets moyens qui concernent les distances les plus importantes. Et à ces échelles l'Univers apparaît alors comme très symétrique : identique en tout lieu (homogène) et en toute direction (isotrope). Ce sont précisément ces invariances qui le rendent aisé à décrire théoriquement. Il constitue même l'un des rares objets pour lesquels les solutions exactes des équations d'Einstein, décrivant la dynamique de l'espace, sont connues.

Ces solutions présentent une caractéristique intéressante : seules trois géométries différentes sont possibles pour l'Univers : sphérique, euclidienne et hyperbolique. Nous ne savons pas lequel de ces trois cas a été choisi par la Nature puisque les données du satellite Planck, bien qu'exceptionnellement précises, sont compatibles avec chacune des possibilités. Mais dans les deux derniers cas, se produit quelque chose de remarquable : l'espace est infini. Ce qui, là encore, est cohérent avec l'absence de courbure mesurée.

Si nous nous trouvons dans cette circonstance, suggérée par la théorie et acceptée par l'expérience, cela signifie inévitablement qu'il existe une infinité d'univers !

Bien évidemment, il faut ici entendre univers au sens usuel de la cosmologie physique, tel que nous le définissions, c'est-à-dire comme l'ensemble de ce qui est observable (indépendamment des limites techniques).

On nomme « volume de Hubble » la région accessible à ces observations. Il représente tout ce qui, d'une manière ou d'une autre, peut être lié à nous. De façon légèrement plus spécifique, nous pouvons considérer que le volume de Hubble contient tout ce qui s'éloigne de nous à une vitesse inférieure à celle de la lumière. Pour le dire simplement, il est notre univers. Mais le volume de Hubble n'est, quant à lui, évidemment pas infini ! Si l'espace est infini, il doit donc exister en son sein une infinité de volumes de Hubble et donc une infinité d'univers… C'est le premier multivers.

Cela change-t-il finalement quelque chose ? L'existence de ce multivers est-elle une question signifiante ?

Sans aucun doute, au moins à deux niveaux. D'abord, évidemment, à celui quasi mythologique de la cosmologie : il n'est pas ici question d'applications technologiques visant à améliorer – ou parfois à appauvrir ! – le quotidien, mais plutôt de penser le monde dans sa globalité, bien au-delà de notre capacité à l'arpenter ou à l'exploiter.

Il est question du Grand Récit de notre histoire commune.

Il est question de la pensée pour elle-même, de la « science en tant qu'art » comme le proposait le philosophe Paul Feyerbend.

Quand bien même il nous serait donc impossible d'y accéder, la possibilité de ce multivers fait sens au niveau le plus fondamentalement définitoire du réel : si nos théories le prédisent, il intervient nécessairement, d'une manière ou d'une autre, dans toute tentative de circonscrire l'être profond de la Nature.

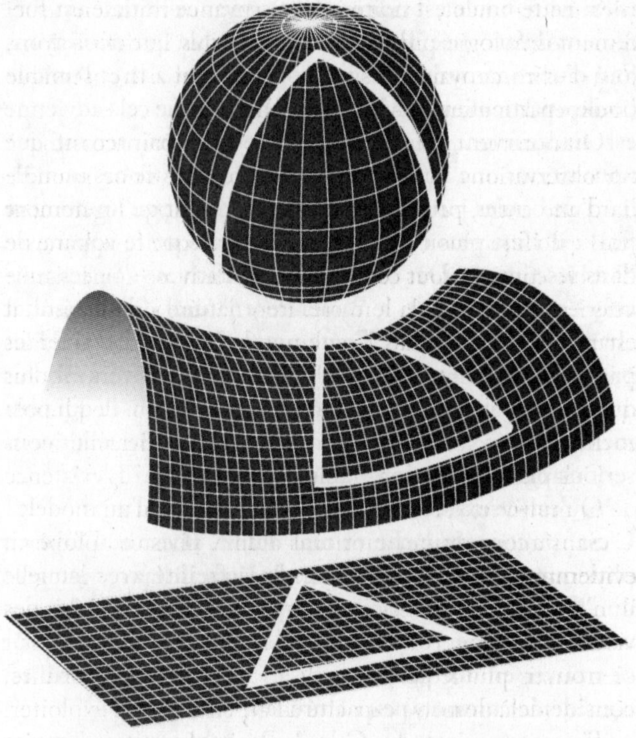

Figure 2.2. De haut en bas : espaces sphérique (fini), hyperbolique (infini) et euclidien (infini).

Ensuite, il est également important et même essentiel au niveau plus directement scientifique. Supposons – par analogie – que nous ayons de bonnes raisons de croire qu'un immense sac contienne un milliard de boules blanches et une unique boule noire. Extrayons maintenant, les yeux fermés, une boule du sac au hasard.

Si cette boule est noire, notre croyance initiale est fortement défavorisée. Il n'est pas impossible que nous ayons joui d'une incroyable chance nous portant à tirer l'unique boule « particulière ». Mais la probabilité que cela advienne est évidemment très faible. Supposons maintenant que nous tirions une infinité de boules (ou dans ce cas un milliard de boules puisque le sac n'en contient qu'un nombre fini) : il n'est plus étonnant que la boule noire apparaisse dans les tirages. Dès lors que les tentatives – ou les univers – se multiplient, le caractère « naturel » d'un résultat change drastiquement. Toute notre manière d'évaluer les propositions s'en trouve transfigurée. Le multivers est plus qu'une proposition, il est aussi un cadre de pensée qui peut mener à des conclusions opposées à celles auxquelles nous serions parvenus dans un unique univers.

Qu'est-ce exactement que la « naturalité » d'un modèle ? C'est un concept lâche et mal défini. Il est employé en physique pour rendre compte de la facilité avec laquelle une théorie explique une observation. S'il faut choisir des valeurs extrêmes ou improbables des paramètres pour se trouver en adéquation avec les mesures, la théorie est considérée comme « peu naturelle ».

Supposons par exemple qu'une répartition essentiellement uniforme de galaxies soit très rare mais très favorable à l'existence de la vie. Dans un univers singulier, la situation serait fort étonnante. Ce serait une incroyable coïncidence. Mais dans une structure d'univers multiples, en nombre infini, où même les circonstances les plus improbables doivent donc se produire, il devient « naturel » que ce soit parfois le cas ! Notre interprétation des faits dépend de l'existence du multivers.

Ce n'est pas qu'une manière de nommer l'invisible et l'inaccessible. C'est aussi un mode opératoire qui infléchit notre façon d'évaluer les propositions scientifiques. Une double révolution.

Tout arrive

Si l'espace est infiniment grand, comme le prédit la relativité générale dans deux des trois solutions envisageables en cosmologie (les cas euclidiens et hyperboliques), cela signifie que tout ce qui a une probabilité non nulle de se produire – tout ce qui est possible – doit non seulement se produire mais aussi se reproduire une infinité de fois. Bien qu'ici aucune théorie exotique ni hypothèse scabreuse ne soient convoquées, la manière de penser le monde s'en trouve déjà redessinée. Presque réinventée.

Notre propre existence est, par exemple, possible puisque nous sommes manifestement là. Elle est associée à une probabilité non nulle. Donc, elle doit, quelque part dans l'espace potentiellement infini de ce multivers, se reproduire. Il est même envisageable de calculer explicitement la distance moyenne à laquelle cela a lieu. Elle est immense mais finie. Nos *alter ego* sont indiscernables de nous-mêmes. Il doit même exister des « volumes de Hubble », c'est-à-dire des univers, entièrement identiques au nôtre ! Jusque dans le moindre détail. Se produit d'ailleurs à ce stade un phénomène très intéressant : une sorte de perte de déterminisme, à un niveau purement classique (alors que l'apparition d'un aléa intervient généralement suite à des mécanismes quantiques). En effet, ces univers identiques auraient les mêmes passés, mais pas nécessairement les mêmes futurs. Si ces volumes de Hubble grandissent, de nouveaux « objets », en général différents d'une région à l'autre, vont potentiellement y pénétrer et générer des évolutions différentes. Les copies peuvent diverger.

À cette strate de multivers, celui de la relativité générale, les lois demeurent les mêmes partout. Mais les phénomènes peuvent très largement différer d'un univers à l'autre. Il est tout à fait possible que notre propre univers ne soit pas représentatif de l'ensemble du multivers. De la même manière que notre planète, la Terre, n'est évidemment pas représentative de l'ensemble de notre univers. La nécessité d'une mise à distance anthropocentrique se dessine ici avec insistance. Elle s'impose même à notre représentation globale. Il devient nécessaire de penser au-delà du visible.

En intégrant, c'est-à-dire en sommant, sur le volume infini de ce multivers, il est légitime d'attendre des univers extrêmement inégaux. En effet, l'infime parcelle que représente notre propre univers serait loin d'épuiser tous les possibles du multivers, pour la même raison que le système solaire est loin de présenter des exemples de tous les astres et phénomènes qui existent dans notre univers. Certains univers pourraient donc être très denses en diverses formes de matière, d'autres presque vides ou même entièrement vides, d'autres encore n'être composés que de lumière ou que de gaz. Certains seraient pauvres et ternes, d'autres foisonnants de drapés diaprés. Connaissant les lois de la physique, il est même, en principe, possible de calculer les probabilités associées à chacune de ces circonstances et l'abondance relative des univers où elles se produisent. La distance moyenne à laquelle se trouve le premier univers dépourvu d'étoiles, ou bien peuplé uniquement de trous noirs, est théoriquement calculable.

Dans un univers, d'ailleurs, cette discussion vous convainc ! Dans un autre, votre *alter ego*, copie conforme jusqu'alors, ne parvient pas à s'y résoudre et se détourne du propos.

Naturellement, si l'espace n'est pas infini – par exemple si la géométrie est sphérique ou si une topologie complexe est à l'œuvre – les volumes de Hubble ne sont plus en nombre infini mais ils demeurent, selon toute vraisemblance, très nombreux. Une certaine forme de multivers subsiste par conséquent. D'une manière ou d'une autre, il devient donc signifiant, voire nécessaire, de penser la diversité *par-delà l'horizon*. Ce qui ne saurait être observé peut néanmoins être conçu. Il existe tant de manière de dessiller…

Si l'existence possible d'univers abondants dans un espace éventuellement infini et décrit par la relativité générale est, en termes scientifiques, une découverte – ou au moins une hypothèse – récente, il en va tout évidemment autrement de la connaissance de la finitude de la Terre. Et, incontestablement, le savoir n'engendre pas l'action. Le champ épistémique, pourrait-on dire, n'est pas performatif : la compréhension n'induit pas mécaniquement l'agir.

Une croissance exponentielle de l'utilisation des ressources dans un monde fini ne peut pas durer indéfiniment. C'est un fait scientifique que même un économiste néolibéral ne peut – ou ne devrait pouvoir – ignorer. Il est aujourd'hui indéniable que les activités humaines entraînent une catastrophe écologique d'une impensable ampleur. En seulement 40 ans, 60 % des animaux sauvages ont disparu. Ce n'est plus une crainte, c'est un bilan. Les effets climatiques induits par nos émissions de gaz à effet de serre nous placent, de plus, dans une situation de « menace existentielle directe », suivant les mots de l'ONU. Un drame sans précédent dans l'histoire se joue en ce moment. Une crise totale à l'échelle planétaire. Un effondrement irréparable. Nous en sommes informés et plus personne ne peut sérieusement en douter mais nous n'en tenons pas compte. Cette indifférence sidérante à l'égard de notre descendance – et, au-delà, de l'ensemble des vivants – pose des questions immenses quant à notre capacité à ménager la possibilité même d'un avenir. Une chose est certaine : si l'idée de multivers peut enivrer, elle ne doit, d'aucune manière, amoindrir notre sentiment de préciosité pour ce qui se déploie ici et maintenant.

3
Des mondes dans les trous noirs

« Je savais déjà le nom de tous les diables :
je les notais quand ils furent choisis,
et je les écoutais quand ils parlaient entre eux.
"Ô Rubicante, enfonce-lui donc
tes crochets dans la chair, écorche-le !"
criaient ces maudits tous ensemble. »

Dante, *Huitième cercle de l'Enfer*

À sens unique

Les équations d'Einstein sont une formidable machine permettant de déterminer la forme de l'espace-temps, ce qu'on nomme en physique « la métrique ».

Celle-ci se calcule à partir de la connaissance de la distribution des masses et permet de caractériser la géométrie du monde alentour. Autrement dit, si la répartition et les caractéristiques des objets présents sont connues, ces équations permettent en principe de déterminer la manière dont l'espace se trouve de ce fait déformé. Cette déformation autorise ensuite à prévoir ce que seront les trajectoires. La masse distord l'espace qui, en retour, dicte ce que sont les mouvements des corps. La relativité lie le contenu et le contenant. Jusqu'à parfois effondrer le sens même de cette disjonction. Jusqu'à imposer une ontologie (c'est-à-dire une pensée des propriétés générales de l'être) strictement relationnelle, dépourvue de structure figée et absolue.

Mais ces équations sont extrêmement difficiles à résoudre. Elles sont tellement complexes au niveau mathématique que l'on craignit tout d'abord de ne pouvoir trouver de solutions exactes.

On sait aujourd'hui calculer, grâce aux ordinateurs, de nombreuses solutions numériques mais les formules analytiques, c'est-à-dire pouvant être explicitement écrites, qui les satisfont demeurent rares. L'astrophysicien allemand Karl Schwarzschild dissipa rapidement l'inquiétude initiale en trouvant, en 1915, la première solution des équations d'Einstein. Celle-ci décrit la structure de l'espace-temps autour des étoiles et des planètes mais aussi autour d'astres plus complexes comme… les trous noirs.

Les trous noirs sont des zones en quelque sorte « détachées » du reste de l'Univers. Des parangons de l'espace-temps. Sur le frontispice de ces curieux édifices, ne figure aucune inscription. Il est possible d'y pénétrer mais jamais de s'en extraire. Ils ne permettent que des voyages à sens unique. Aucun retour vers l'Univers parent n'est envisageable lorsque l'horizon – c'est-à-dire la surface – du trou noir a été franchi.

Leurs propriétés sont tellement étranges que pendant bien longtemps on les a considérés, Einstein le premier, comme de simples solutions mathématiques sans existence physique. Il faudrait par exemple concentrer la totalité de la masse de la Terre dans un rayon de quelques millimètres pour qu'elle devienne un trou noir ! De telles densités semblent inconcevables. Des objets de ce type ne sauraient, semble-t-il, peupler notre monde. Pourtant, les trous noirs font aujourd'hui partie des astres presque banals : abondamment présents, jusqu'au sein même de notre propre galaxie, ils sont observés et compris. Et pour les plus massifs d'entre eux, la densité n'est plus même nécessairement élevée : elle peut, dans certains cas, ne pas être supérieure à celle de l'air.

Les trous noirs sont très difficiles à « voir » directement, simplement parce qu'ils sont extrêmement petits. Il serait plus simple de scruter un piano à queue posé sur la Lune et d'admirer le superbe ouvrage de cintrage achevant la table d'harmonie que de photographier le trou noir le plus proche de la Terre. Toutefois, nous observons très bien, depuis longtemps, les effets, dits « indirects », des trous noirs sur l'espace-temps et il n'est plus guère possible de douter de leur existence. Il n'est d'ailleurs pas tout à fait correct de considérer qu'il s'agisse ici d'indications *indirectes* au contraire d'observations *directes* supposées plus fiables ou plus objectives. Rien n'est jamais direct. Quand j'observe le recueil de poésies posé en ce moment même sur mon bureau, c'est en réalité le fruit d'une interaction complexe entre la lumière émise par le filament d'une ampoule et ce précieux objet, lui-même composite, que mes yeux détectent. Il n'y a aucun accès immédiat au réel « en tant que tel ». Tout est médiat et médié. Il est même probable que le réel en lui-même n'ait aucun sens ni aucune existence. Qui connaît l'essence des choses et des êtres ? Qui saurait même la définir ou la ressentir ?

Récemment, deux approches différentes ont de plus confirmé avec brio la présence des trous noirs. D'abord, des ondes gravitationnelles – authentiques vibrations de l'espace – ont été mesurées émanant de la fusion de deux trous noirs stellaires. C'est littéralement l'existence d'un horizon immatériel qui s'est ici révélée. Ensuite, des radiotélescopes ont été mis en réseau, de façon à « simuler » un télescope géant, presque aussi grand que la Terre, grâce à la technique interférométrique qui permet de combiner leurs signaux. Une image remarquable du trou noir très massif, 6 milliards de fois la masse du Soleil, qui siège au centre de la galaxie M87, a ainsi été obtenue et diffusée. On observe magnifiquement les effets d'ombre sur le disque d'accrétion qui environne le trou noir.

Les astres occlus se dévoilent donc. Ils exhibent leurs étrangetés délicates et néanmoins inquiétantes. Mais l'horizon continue de pudiquement masquer leurs intimes et ultimes secrets.

Si l'existence des trous noirs ne fait donc plus réellement question, leur origine physique, autrement dit le mécanisme qui les crée, n'est pas bien compris. Les étoiles les plus massives vont inexorablement former des trous noirs lorsqu'elles parviendront en fin de vie. Ayant épuisé leur combustible, ces étoiles s'effondreront sur elles-mêmes et créeront des trous noirs dits «stellaires». Mais il existe aussi des trous noirs supermassifs de plusieurs millions, voire milliards, de masses solaires, à l'instar de celui récemment observé par la collaboration EHT ! Ils se trouvent donc au centre des galaxies et sont parfois à l'origine d'immenses jets qui se déploient dans le milieu intergalactique. Ils constituent les quasars, ces véritables phares de l'Univers lointain, balises des méandres du Cosmos. Les raisons de leur naissance demeurent en partie énigmatiques et controversées. Peut-être existe-t-il aussi de très petits trous noirs – dits «primordiaux» – qui se seraient formés dans les premiers instants de l'Univers, quand la densité était immense, avec des masses éventuellement aussi petites que celles d'une poussière. Beaucoup d'études ont été entreprises pour les débusquer, sans succès à ce jour. Le bestiaire des trous noirs est riche de spécimens et ne cesse de se diversifier.

Des étrangetés mathématiques

Un important théorème de relativité générale montre que les trous noirs n'ont pas de cheveux (ce qui prouve que je ne suis pas un trou noir !).

Bien qu'il s'agisse de l'expression consacrée par la tradition, cela signifie en vocabulaire plus scientifique que leur surface est parfaitement lisse et dépourvue d'aspérités. De façon légèrement plus technique encore, cela indique que les trous noirs astrophysiques, sans charge électrique, sont entièrement décrits par deux paramètres seulement : leur masse et leur vitesse de rotation ! Voilà qui a de quoi étonner : les trous noirs sont moins complexes qu'une vulgaire particule, immensément plus simples qu'un grain de sable ou même un atome d'hydrogène. Karl Schwarzschild a décrit les trous noirs les plus élémentaires : ceux dont la vitesse de rotation est nulle. Ils sont alors entièrement caractérisés par la donnée de leur seule masse et constituent l'exemple paradigmatique des trous noirs aisément appréhendables par le formalisme de la relativité : leur simplicité permet de faire de nombreux calculs – ce qui n'est pas aisé dans le cas général – et de rendre accessibles les propriétés les plus importantes.

Mais la métrique, c'est-à-dire la géométrie, qui les décrit n'est pas sans surprises ! Elle n'est, en particulier, pas exempte d'étrangetés ni dénuée de difficultés… Elle présente par exemple une singularité, c'est-à-dire une divergence, soit encore une pathologie, au niveau de l'horizon. C'est précisément pour cette raison que de la quasi-totalité des physiciens – à l'exception notable du génial chanoine et mathématicien George Lemaître qui fut aussi l'un des artisans essentiels du modèle du Big Bang – ne crurent pas à l'existence réelle et physique des trous noirs. Les trous noirs étaient manifestement entachés de trop d'incohérences. Ils effrayaient plus qu'ils n'attiraient.

Pourtant, écrite dans un autre système de coordonnées, la géométrie (métrique) décrivant le même espace-temps, et donc les mêmes hypothétiques trous noirs de Schwarzschild, ne présente plus cette singularité au niveau de l'horizon ! Le problème n'était en fait qu'un artefact.

De même, quand on utilise les coordonnées « latitude et longitude » pour paver la surface d'une sphère, les pôles jouent un rôle singulier. Il est par exemple possible que la longitude y varie de 360° sans que le point considéré ne bouge sur la sphère. Mais, en fait, les pôles n'ont aucune spécificité réelle. Ils sont des points comme les autres auxquels nous accordons un rôle particulier de façon tout à fait conventionnelle et artificielle. En utilisant donc de nouvelles coordonnées, mieux adaptées, l'horizon des trous noirs révèle sa vraie nature : il ne s'y passe rien de spécifique et la Nature, elle-même, s'accommode des trous noirs sans la moindre incohérence et sans que quoi que ce soit de dramatique ne soit ressenti par le voyageur imprudent qui entreprendrait d'y pénétrer alors qu'il traverse l'horizon. Il lui est juste impossible de revenir en arrière une fois parvenu à l'intérieur du trou noir. Naturellement, d'importantes forces de marée vont tendre à le disloquer à mesure de son voyage vers le centre mais le franchissement de la surface n'est pas un événement spécifique.

Il demeure néanmoins une singularité « essentielle » dans les trous noirs. Une pathologie de l'espace-temps qu'aucun choix judicieux ne peut guérir : celle qui se trouve au centre de l'astre. Ici, quelque chose de fondamental est à l'œuvre. Une sorte d'achèvement. Elle marque, pour l'astronaute téméraire qui aurait décidé d'explorer l'espace secret et paroxystique du trou noir, le point ultime du voyage. Nul n'échappe à la singularité centrale et nul n'y survit. C'est, dans une certaine mesure, le temps qui s'y achève.

Pour représenter l'infinité de l'espace à l'aide d'un dessin de taille finie, les physiciens ont inventé une technique spécifique nommée « diagramme de Penrose-Carter ».

Il s'agit d'une sorte de carte qui permet de visualiser instantanément quel événement peut être la cause de quel autre et ce que sont les zones explorables à partir d'un point donné. Dans de telles représentations, le temps s'écoule vers le haut et l'espace se déploie horizontalement. Les axes sont choisis de sorte que la lumière se déplace sur des droites inclinées de 45 degrés par rapport à la verticale. Les objets ne doivent donc jamais dépasser un angle de cette valeur car ils iraient alors plus vite que la lumière ce qui contredirait l'un des énoncés les plus importants de la relativité restreinte. Relativité restreinte qui constitue certainement la théorie la plus fiable – car la plus simple et la plus claire dans ses hypothèses – de toute la physique.

Qund on dessine le diagramme de Penrose-Carter pour un espace contenant un trou noir de Schwarzschild, la singularité centrale se présente comme une ligne horizontale qu'il est impossible de ne pas heurter une fois à l'intérieur. Comme attendu, quiconque pénètre au-delà de l'horizon doit achever son voyage sur la singularité. Il y apparaît aussi clairement qu'il est impossible de ressortir

La relativité restreinte

La relativité restreinte est la première théorie de l'histoire de la physique à se fonder sur une symétrie, en l'occurrence l'invariance des lois dans le temps et dans l'espace. À partir de celle-ci, il est possible de parvenir à trois conclusions essentielles. D'abord l'existence d'une vitesse limite absolue et indépassable, la vitesse de la lumière. Ensuite, l'apparition d'un lien indéfectible entre le temps et l'espace : ils ne sont que deux apparences d'une même réalité sous-jacente. Le temps peut se dilater et l'espace se contracter. Enfin, la mise en évidence d'une relation essentielle entre la masse et l'énergie ($E = mc^2$) qui montre qu'il est possible de créer de la matière à partir du mouvement.

du trou noir puisque, pour franchir l'horizon dans l'autre sens, il faudrait – ce qui est interdit – s'écarter de plus de 45 degrés de la verticale : le « tapis roulant » d'espace va si vite que même la lumière ne peut le contrer.

Mais le diagramme de Penrose-Carter révèle autre chose de tout à fait étrange et fondamental pour notre propos. La forme initiale de la géométrie peut y être « analytiquement étendue ». Il s'agit d'un jeu mathématique consistant à compléter la structure spatio-temporelle standard pour des raisons essentiellement esthétiques (ce qui n'est pas rare en physique théorique). Cela lui confère une forme plus générique et, d'un certain point de vue, plus naturelle. Rien ne prouve que cette extension soit strictement nécessaire mais elle est élégante et cohérente. Elle symétrise l'édifice et lui offre un évident attrait logique. Cette extension a une conséquence remarquable : le trou noir n'y est plus seul ! L'univers lui-même n'y est plus seul ! Apparaissent également un trou blanc et un autre univers. Par définition d'un trou blanc, les particules peuvent s'en échapper mais jamais y retourner : le trou blanc est en quelque sorte l'inverse du trou noir. Il n'est pas possible d'y pénétrer alors que la matière et la lumière peuvent s'en extraire.

Mais le « trou de ver », tunnel reliant le trou noir au trou blanc, n'est pas traversable : il n'est pas possible, depuis notre univers, de pouvoir franchir l'horizon du trou noir et d'espérer visiter l'hypothétique univers parallèle. Ces trous de vers sont des structures topologiques inattendues qui permettent des connexions usuellement inimaginables. Ils lient des espaces qui étaient supposés absolument déconnectés.

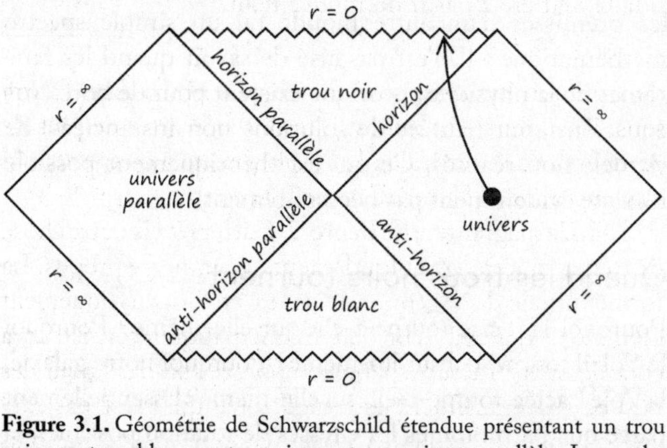

Figure 3.1. Géométrie de Schwarzschild étendue présentant un trou noir, un trou blanc, notre univers et un univers parallèle. La courbe avec les flèches représente la trajectoire d'une particule qui entre dans le trou noir et s'échoue sur la singularité centrale de celui-ci.

La région en bas du diagramme est l'inverse temporel de celle située en haut, c'est-à-dire du trou noir. La région à gauche correspond à un autre espace dont la géométrie devient euclidienne à l'infini, ce qui signifie qu'il se comporte de façon essentiellement familière loin de l'horizon. Elle est une sorte de miroir de notre région qui se situe sur la droite du diagramme de Penrose-Carter.

Même si cet « ailleurs », cet univers situé sur la gauche, n'est pas atteignable, la question de son existence, au moins, se pose clairement. S'agit-il de la trace ou de l'indice d'un autre univers réel ? Il faut de plus noter que rien n'interdit, en principe, que depuis l'intérieur du trou noir, les deux univers soient simultanément observables. Ironiquement, c'est dès lors qu'il devient impossible de se rendre dans l'un ou l'autre des univers que l'un et l'autre deviennent visibles. Disposerait-on ici d'un étrange kaléidoscope cosmique révélant un espace parallèle ? Sont-ce les prémisses d'un autre monde ou un simple spectre mathématique ? Il n'est pas aisé de savoir quand les fantômes de la physique théorique existent pour de bon. Nos équations sont hantées de solutions non instanciées, de virtuels non réalisés. Ce qui est théoriquement possible n'existe évidemment pas nécessairement.

Quand les trous noirs tournent

Pourquoi la Terre tourne-t-elle sur elle-même ? Pourquoi le Soleil tourne-t-il sur lui-même ? Pourquoi notre galaxie, la Voie Lactée, tourne-t-elle sur elle-même ? Essentiellement parce que parmi toutes les vitesses de rotation possibles, la valeur très particulière « zéro » n'a pratiquement aucune chance de survenir ! Tourner est donc l'état naturel des corps. Et les lois de conservation de la physique impliquent que plus les objets astrophysiques se contractent, plus ils tournent vite. C'est la raison pour laquelle les trous noirs sont génériquement en rotation sur eux-mêmes. La géo-

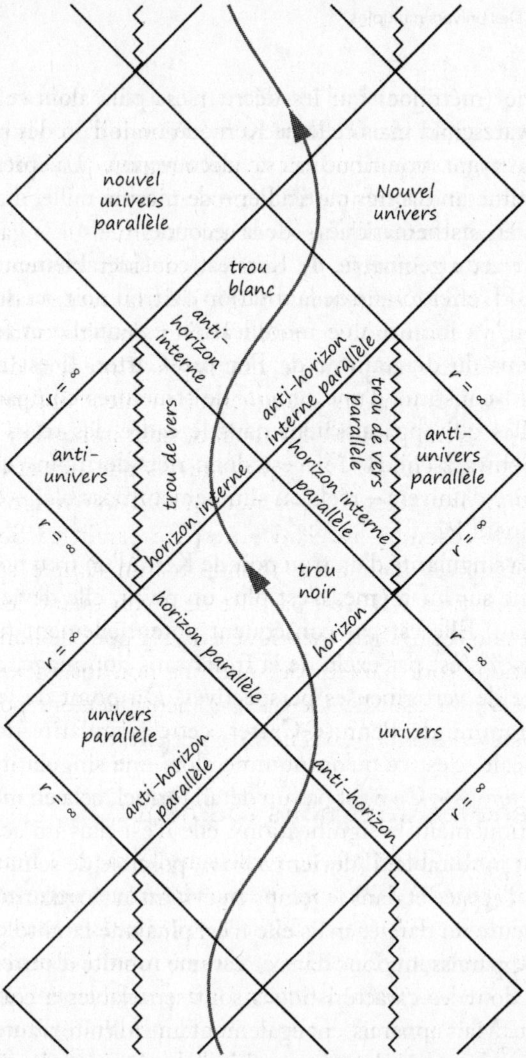

Figure 3.2. Géométrie de Kerr générée par un trou noir en rotation et exhibant d'éventuels autres univers. La ligne courbe correspond au mouvement d'une particule qui visite d'autres univers sans jamais se trouver bloquée par une singularité.

métrie (métrique) qui les décrit n'est plus alors celle de Schwarzschild mais celle de Kerr (du nom d'un des physiciens ayant contribué à sa découverte). La première constitue un cas très particulier – de mesure nulle, dirions-nous en mathématiques – de la seconde.

Et cette géométrie de Kerr est considérablement plus riche ! L'effet toupie de la rotation du trou noir, aussi petit soit-il, va induire une modification essentielle et lourde de sens du diagramme de Penrose-Carter. Il est maintenant constitué d'une *infinité* de structures comparables à celles qui apparaissaient dans le cadre des trous noirs de Schwarzschild ! Ce n'est donc rien de moins qu'une infinité d'univers – réels ou simplement possibles – qui se dessinent ici…

La singularité d'un trou noir de Kerr, d'un trou noir qui tourne sur lui-même, n'est plus un point, elle devient un anneau. Elle est par conséquent potentiellement traversable, il n'est pas exclu de la frôler sans dommage, ce qui ouvre de vertigineuses perspectives. Du point de vue du diagramme de Penrose-Carter, cette singularité devient verticale, c'est ce qu'on nomme alors une singularité « de type temps ». Ce n'est pas un détail formel, cela en modifie drastiquement la signification : elle n'est plus un achèvement inexorable. Il devient *a priori* possible de se mouvoir dans l'espace et dans le temps en évitant la singularité : elle demeure un danger mais elle n'est plus une fatalité.

Apparaissent donc dans ce cas une infinité d'autres univers dont les caractéristiques sont semblables à celles du nôtre. Mais apparaissent également une infinité d'anti-univers où la gravitation est répulsive, une infinité d'horizons, une infinité de trous noirs et une infinité de trous blancs reliés par une infinité de trous de vers encore nommés « ponts d'Einstein-Rosen » ! L'immense différence avec le cas précédent vient surtout de ce que ces autres univers sont maintenant, en droit, visitables et accessibles. Le diagramme de Penrose-Carter autorise, en principe, à la trajectoire d'une particule d'explorer ces mondes de gravité attractive et de gravité répulsive sans devoir, à aucun moment, violer une loi connue ou se mouvoir plus rapidement que la lumière. Les trous de vers de l'espace-temps de Kerr sont *a priori* traversables ! Il pourrait s'agir de connexions fragiles menant vers d'autres mondes.

Ces univers multiples sont tout à fait compatibles avec ceux évoqués précédemment. Il est possible d'imaginer un espace infini (ou immense) contenant une infinité (ou un très grand nombre) de volumes de Hubble tel que chacun d'eux contienne des trous noirs en rotation induisant une nouvelle structure de multivers. Loin d'être exclusifs les uns des autres, ces modèles se complètent et, parfois même, se confortent.

Cette description n'est évidemment pas sans poser de multiples questions et quelques sérieux problèmes. D'abord, il n'est pas évident de savoir si les nombreux univers qui apparaissent dans le diagramme de Penrose-Carter sont réellement autres ou s'ils constituent plutôt des régions éloignées de notre propre univers. La relativité générale n'est pas en mesure de répondre à cette question, c'est un problème de topologie. S'il s'agissait d'autres zones de notre propre univers, il s'ensuivrait une conséquence terrible : ces trous de vers permettraient des voyages dans le temps, y compris dans le passé ! Les voyages dans le futur sont largement possibles en physique, aussi bien en relativité restreinte qu'en relativité générale. Ils ne posent aucun problème particulier et sont bien connus. Mais les voyages dans le passé peuvent générer toutes sortes de paradoxes insurmontables. C'est en partie pour cette raison qu'il est usuellement supposé que les univers qui se révèlent ici sont bel et bien disjoints du nôtre. C'est une forme de protection chronométrique. Un *requisit* de cohérence.

Ensuite, ces trous de vers sont instables. Qu'il ne soit pas interdit d'y voyager d'un point de vue géométrique ne signifie pas que ce soit possible d'un point de vue dynamique et pratique. Pour réussir un tel voyage il faudrait que la matière qui s'y risque soit dotée de propriétés – ce qu'on nomme une « équation d'état » – extrêmement particulières et non encore rencontrées à ce jour.

Enfin, il est tout à fait possible que ces autres univers ne soient qu'un artefact mathématique sans signification physique. La nature est loin d'épuiser tous les possibles ! De nombreuses solutions envisageables pour de nombreuses théories ne sont pas effectivement réalisées.

Ces questions sont discutées depuis des décennies et n'ont toujours pas de réponses claires et consensuelles. Bien qu'elle ne fût pas couronnée de succès à ce jour, la quête observationnelle de trous blancs se poursuit et, fussent-ils absents de notre monde, ces « bouches ouvertes » continuent d'irriguer l'imaginaire des physiciens et de nourrir un fascinant travail d'exploration théorique. Bien sûr, cette exploration est aussi une invention. La science n'est pas qu'une mise en lumière de ce qui lui préexiste : elle est aussi une activité créatrice. Il s'agit de construire autant que de parcourir. Il s'agit d'opérer un choix ou une coupe dans le magma des possibles.

Et si les trous noirs étaient plus gros que prévu ?

Le diamètre d'un trou noir issu de l'implosion d'une étoile n'excède pas quelques kilomètres. C'est un calcul assez simple, à la portée de tout étudiant apprenant la relativité générale. Mais une question beaucoup moins anodine peut être posée : quel est le volume intérieur de ce trou noir ? S'il s'agissait d'un objet banal, la réponse serait triviale : une sphère de quelques kilomètres de diamètre contient un volume de quelques kilomètres cubes.

Mais les trous noirs ne sont pas des objets simples, et la détermination du volume qu'ils recèlent est en réalité fort complexe. Elle dépend même d'un certain nombre de choix quant aux variables utilisées. Mais le point important est que, pour un choix définitoire raisonnable du volume, celui-ci croit avec temps ! Même si la taille extérieure du trou noir est fixée, la « quantité d'espace » en son sein ne fait qu'augmenter. Si l'on attend suffisamment longtemps, un trou noir dont la taille externe n'est donc que de quelques kilomètres pourrait contenir un volume interne plus vaste que la totalité de notre univers visible.

De là à considérer que les trous noirs pourraient donc constituer des progéniteurs d'autres univers, il n'y a qu'un pas que certains n'ont pas hésité à franchir. L'idée est fort spéculative et manifestement inévidente. Elle n'en demeure pas moins attrayante et mérite d'être travaillée. Elle pourrait même être possiblement testée puisqu'une sorte d'évolution darwinienne des univers aurait alors lieu. Les univers dont les lois ne permettent pas la création de trous noirs seraient stériles, sans descendance et donc peu nombreux. Ceux qui, au contraire, maximisent la production de trous noirs, seraient naturellement statistiquement favorisés et nettement plus abondants.

4

La mécanique quantique et ses mondes parallèles

« Sois pluriel comme l'Univers ! »

Fernando Pessoa, *Obra Poética e em Prosa*

Hasard et délocalisation

La mécanique quantique est, avec la relativité, la grande théorie de la physique contemporaine. Bien qu'elle puisse en principe jouer un rôle pour les corps macroscopiques, elle est avant tout une description de la matière et du rayonnement à l'échelle atomique et subatomique. Elle a émergé au début du vingtième siècle pour faire face à quelques incohérences de la physique classique : cette dernière prévoyait, par exemple, qu'en une fraction de seconde l'électron qui orbite autour du noyau de l'atome devrait s'effondrer sur celui-ci. Les atomes seraient donc extrêmement instables. Ce qui n'est manifestement pas le cas puisque nous sommes toujours là pour nous poser la question !

La mécanique quantique présente plusieurs caractéristiques qui s'opposent à l'intuition commune mais qui ont toutes été fermement confirmées par de nombreuses expériences. D'abord, elle formalise la dualité onde-corpuscule. Suivant les circonstances considérées, la lumière – et finalement même la matière – présente soit les caractéristiques d'une onde soit celles d'une particule. Comment quelque chose peut-il être décrit en termes d'entités disjointes et incompatibles ? Quelle est la bonne réponse ? La solution quantique consiste à comprendre que la matière et la lumière *existent* en tant que particules mais que la *probabilité d'observer* ces particules ici ou là se comporte, quant à elle, comme une onde. C'est ce que montre l'expérience des fentes de Young : on peut envoyer des photons, c'est-à-dire des grains de lumière, ou même des électrons, des neutrons et des atomes sur deux petits orifices. On les observe individuellement en tant que corpuscules : chacun d'eux laisse une empreinte sous forme d'un point clairement identifiable. Ce sont des petites boules, des particules. Mais la répartition de ces points, leur probabilité de présence, est décrite par la loi d'interférence des ondes ! On observe des interférences, comme avec les ondes aquatiques à la surface d'une mare sur laquelle glissent de magnifiques gerris. Une certaine pensée unitaire et globale, presque convergente, de l'ontologie – de l'être *en tant qu'être* – du réel se dérobe et se fissure avec la physique quantique.

Ensuite, la mécanique quantique impose un principe d'incertitude. En mécanique classique, il est *a priori* possible de connaître les caractéristiques d'un corps, sa trajectoire, sa vitesse, etc. avec une précision arbitrairement grande. Nous ne sommes limités que par nos capacités technologiques.

Les fentes de Young

Une unique source S émet des particules, une à une. Deux orifices S1 et S2 sont percés dans un obturateur. La figure obtenue sur l'écran ne peut pas être interprétée du point de vue de la physique classique. En revanche, l'interprétation quantique en termes de fonctions d'ondes, et donc d'objet « délocalisés », est cohérente avec les interférences observées.

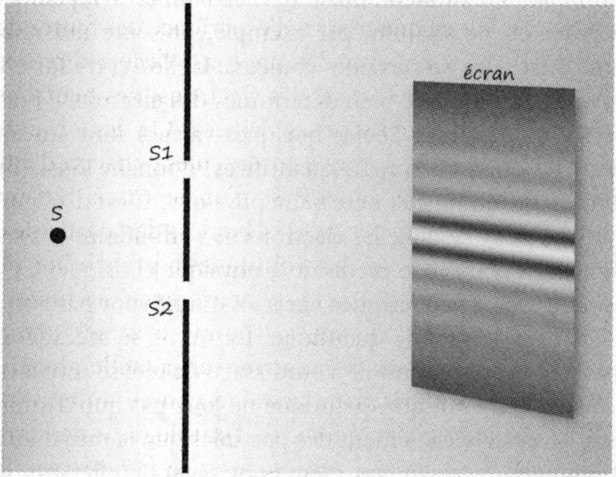

Rien n'interdit, en principe, de rêver une connaissance parfaite. Le réel classique n'est masqué que par notre incapacité à le sonder. Il en va tout autrement en mécanique quantique : il n'est plus possible de connaître la position et la vitesse d'un corps avec une précision infiniment grande ! Il faut choisir son camp : soit savoir où il est, soit savoir où il va. Imaginons un électron en mouvement. Pour le scruter avec précision, il faut l'éclairer. Mais la lumière nécessaire à une mesure très précise va interagir avec lui et le dévier de sa trajectoire initiale. La mesure influe donc sur le système. Un voile se pose sur le monde. Il le masque en l'enveloppant. Toute possibilité de connaissance parfaite s'effondre et l'idée même d'un accès aux arcanes les plus infimes de la matière (au moins au sens classique) se dérobe.

Enfin, la physique quantique rompt avec la continuité qui nous est si familière à l'échelle macroscopique. Ici, de nombreuses grandeurs deviennent discrètes, discontinues. La lumière émise par les lampes à vapeur de mercure ou de sodium, par exemple, présente des raies caractéristiques de certaines couleurs. Celles-ci traduisent les niveaux d'énergie bien déterminés des électrons. Tout n'est plus possible ! Seules quelques valeurs sont autorisées : les énergies sont… quantifiées, donnant ainsi son nom à cette étrange et nécessaire physique. C'est d'ailleurs la raison pour laquelle les électrons ne s'effondrent pas sur les noyaux comme le prédisait la physique classique. Cela les obligerait à acquérir des énergies qui ne sont pas autorisées dans le monde quantique. La trame se saccade ici et là. Comme si le travail d'ourdissage de réel se révélait.

Mais la mécanique quantique ne joue pas que d'interdits. Elle ouvre également des possibles que la mécanique classique ne pouvait pas même envisager. L'effet tunnel quantique permet à certaines particules de suivre des trajectoires qui sont usuellement impossibles. Imaginons par exemple qu'une balle soit lancée sur une sente de montagne avec une vitesse qui ne lui permet pas d'atteindre le sommet puis de redescendre dans la vallée située de l'autre côté des cimes. D'un point de vue classique, l'expérience peut être réitérée autant de fois que désiré, si l'énergie est insuffisante, aucune balle ne passera le col. Au contraire, la physique quantique montre que, de temps en temps,

L'effet tunnel

En physique classique, si la balle est lâchée d'assez haut (première ligne), elle pourra franchir de façon certaine le dos-d'âne. Si, en revanche, elle est lancée de trop bas, donc avec moins d'énergie, elle restera coincée dans la cuvette (deuxième ligne).

En physique quantique, même si elle est lancée avec une énergie insuffisante, elle peut pourtant franchir le dos-d'âne (troisième ligne) !

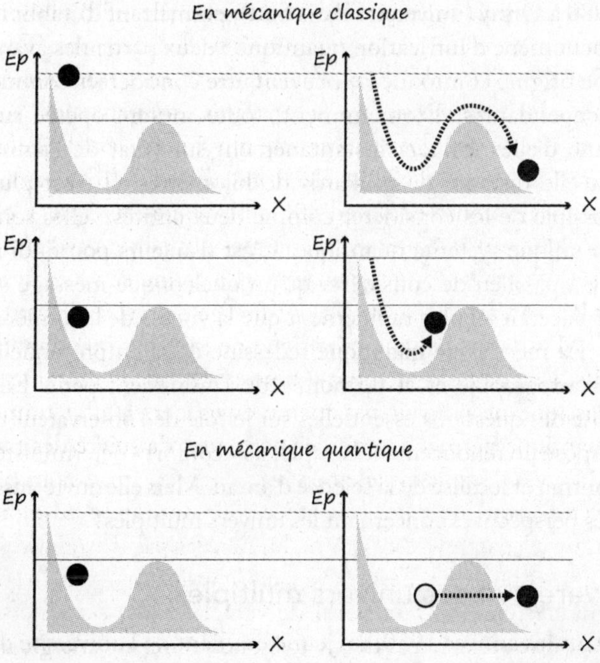

par effet tunnel, certaines balles passeront quand bien même elles semblaient ne pas pouvoir y parvenir ! Une certaine transgression s'invite dans le monde quantique… Les infractions y sont légion et ne sauraient être endiguées par aucune autorité régulatrice.

Aussi étranges soient-elles, les prédictions de la mécanique quantique ont été vérifiées avec une précision faramineuse tout au long du vingtième siècle. Elle constitue aujourd'hui l'un de nos fondements scientifiques les plus essentiels et les moins contestés. Des expériences déterminantes ont en particulier été menées dans les années 1980 à Orsay (université Paris Sud), permettant d'établir le phénomène d'intrication quantique : deux particules ayant une origine commune ne peuvent être considérées comme indépendantes. Étonnamment, toute mesure opérée sur l'une d'elles influera instantanément sur l'état de l'autre, fut-elle distante de milliards de kilomètres. Il n'est plus possible de les considérer comme deux entités : elles sont un unique système quantique. C'est d'ailleurs pourquoi il n'y a pas lieu de considérer qu'un quelconque message se déplacerait ici plus rapidement que la vitesse de la lumière.

La mécanique quantique redessine donc en profondeur la cartographie et la taxinomie de l'infiniment petit. Elle pose des questions essentielles sur le rôle de l'observateur et impose un renoncement complet au « confort » déterministe, continu et localisé de la science d'antan. Mais elle ouvre aussi des perspectives concernant les univers multiples !

Everett et ses univers multiples

Dans les années 1950, un jeune étudiant de l'université de Princeton, Hugh Everett, eut l'intuition que la physique quantique pouvait bouleverser le concept de monde. Cette science est aussi intéressante en ceci qu'elle exige un engagement interprétatif, n'en déplaise à ceux qui souhaitent s'en tenir aux stricts calculs. Pour que le modèle fasse sens, il ne suffit pas de disposer d'une théorie physique, encore faut-il la déchiffrer. C'est par cette interprétation – qui effraie et dérange parfois – que se révèle un étonnant nouveau multivers : les embranchements en univers parallèles. L'interprétation d'Everett n'est pas la seule et n'est pas consensuelle. Mais force est de constater que soixante ans après avoir été proposée, elle demeure toujours très discutée et semble même rallier à sa cause un nombre de plus en plus important de théoriciens.

Paradoxalement, le défi d'Everett consiste en fait à tenter de se passer, autant que possible, d'interprétations lourdes et conceptuellement coûteuses et de faire confiance aux mathématiques de la physique quantique. Elle est exotique dans ses conséquences mais certainement pas dans ses hypothèses.

L'enjeu touche naturellement au problème de la mesure. Dans le monde quantique, une particule élémentaire peut se trouver dans une superposition d'états. Elle est alors *simultanément* dans plusieurs « modes d'être » qui seraient considérés comme classiquement incompatibles. Un électron par exemple peut se trouver en même temps en différents lieux et présenter différentes vitesses. Le monde macroscopique usuel étant constitué, au niveau élémentaire, de particules quantiques, pourquoi n'exhibe-t-il jamais ces étranges effets ? Pourquoi un corps humain ne fait-il jamais l'expérience de l'ubiquité que les protons qui le composent peuvent pourtant connaître ? Comment l'unicité émerge-t-elle de cette diversité ? Comment les lois classiques émergent-elles des lois quantiques qui sont pourtant les plus fondamentales et les plus exactes ?

Pour décrire un état quantique, il est utile de recourir à une grandeur mathématique appelée « fonction d'onde ». Celle-ci traite chaque élément de la superposition des états quantiques comme également réel. Elle est régie par une équation parfaitement claire et déterministe, l'équation de Schrödinger. Mais au moment de la mesure, au moment donc de l'interaction d'un objet quantique avec un objet classique, il est généralement supposé que la fonction d'onde « s'effondre » sur une seule des multiples potentialités superposées qu'elle décrivait. L'évolution régulière et continue (unitaire dit-on en physique) serait donc interrompue par la mesure. Le vecteur qui décrit le système serait, en quelque sorte, « projeté » sur un unique état de base. Il perdrait ainsi une de ses propriétés essentielles.

Mais cet effondrement qui sélectionne un seul des états superposés est ajouté de manière artificielle. Dans une certaine mesure, il ne fait pas partie du cœur de la mécanique quantique. Il est une greffe disgracieuse sur le corpus de base. Il est une astuce pour faire émerger le monde classique, sans ubiquité ni ambiguïté, à partir du monde quantique. C'est précisément ce qu'Everett n'acceptait pas. Il fit de l'observateur une partie du système observé en introduisant une fonction d'onde universelle qui décrit l'ensemble des parties prenantes. Tandis que la présentation orthodoxe de la mécanique quantique enseigne que le concept de fonction d'onde ne s'applique qu'à certains objets, Everett, dans un souci de cohérence et d'élégance, propose une vision hétérodoxe qui suit à la lettre les préceptes mathématiques de la physique quantique. Il considère donc que l'évolution douce (unitaire) ne s'interrompt pas lors du processus de mesure.

Suivant cette logique, la fonction d'onde d'un observateur bifurque à chaque interaction avec une particule quantique se trouvant dans une superposition d'état. La fonction d'onde globale contient ainsi des branches pour chaque alternative de la superposition et chaque branche contient une « copie » de l'observateur. Pour des raisons mathématiques profondes, ces différentes branches n'interagissent pas les unes avec les autres : chacune crée un futur différent.

Autrement dit, il y aurait de cette manière une bifurcation en univers parallèles à chaque interaction d'un corpuscule quantique avec un objet classique. Le monde entier se séparerait ainsi en de multiples composantes. Et les interactions étant extrêmement nombreuses, les univers parallèles le seraient aussi. Ils ne se situeraient pas « loin d'ici », comme les volumes de Hubble de la relativité générale, ou au cœur des trous noirs, comme dans la géométrie de Schwarzschild. Ils seraient dans un ailleurs strict, plus profond que celui d'une simple séparation spatiale. Ce nouveau multivers est tout à fait compatible avec les précédents : il n'est ni au-dessus, ni en dessous, il est consubstantiel à ses éventuels cousins.

Si, par exemple, nos processus neuronaux sont fondamentalement assujettis à des phénomènes quantiques, ce qui est hautement probable, il doit exister un univers où Goya peignit *Le Chien*, perdu, comme en déréliction, dans un océan d'ocres ouvert sur un infini sombre et un autre univers – manifestement pas le nôtre ! – où il le pense sans, hélas, lui offrir un devenir de pigments et de contours.

Everett invente un multivers pour finalement demeurer aussi cohérent que possible avec les prescriptions fondamentales de la mécanique quantique. Ici, les mondes fleurissent lors des interactions. Tout ce qui était autorisé par la description quantique devient effectif dans un monde parallèle. Le réel se désatrophie.

Figure 4.1. L'interprétation d'Everett de la mécanique quantique avec embranchement en univers parallèles. D'après Max Tegmark.

Je ne me permettrais néanmoins jamais d'user de cette potentialité pour, comme ce fut en vogue il y a quelques années à Stanford, répondre aux étudiants malheureux venant s'enquérir de leurs résultats : « Bravo, vous avez réussi votre examen. Mais, désolé, pas dans cet univers-ci ! »

Décohérence

La différence entre l'interprétation usuelle de la mécanique quantique, où la fonction d'onde s'effondre brusquement et inélégamment, et celle d'Everett, où les univers foisonnent, pourrait apparaître comme purement métaphysique. Elle n'en serait d'ailleurs pas moins importante : qu'une posture ne soit pas strictement intelligible en termes physiques ne la disqualifie évidemment pas. Mais des travaux récents montrent que ce n'est pas même le cas. La cosmologie quantique ouvre la voie à de possibles tests expérimentaux de cette interprétation. Le premier article du millénaire, mis en ligne peu après minuit le 1er janvier 2000, par le grand physicien Don Page, est d'ailleurs précisément consacré aux conséquences observationnelles de la proposition d'Everett. Il suggère des moyens, non encore pratiquement utilisables mais en principe accessibles, permettant de mettre à l'épreuve son modèle. J'ai moi-même publié un article dans ce sillage, qui montre que dans le cadre de la cosmologie, de la science de l'Univers, il pourrait être possible de tester la vision d'Everett et ses univers parallèles. Considérons un exemple caricatural mais précis. Supposons que l'évolution quantique de l'Univers conduise à l'état A avec une probabilité de 1 pour 1 000, et à l'état B avec une probabilité de 999 pour 1 000. Et supposons qu'il y ait, dans le monde A, un milliard observateur, et qu'il y en ait un millier dans le monde B. Suivant l'interprétation usuelle de la mécanique quantique, peu importent les observateurs, nous devons, suivant une haute probabilité, être dans le monde B puisque celui-ci est très probable. *A contrario*, suivant l'interprétation d'Everett, tous les possibles sont bel et bien réels. Il existe réellement beaucoup d'univers avec peu d'observateurs et un univers unique avec un très grand nombre d'observateurs. Comme ce nombre immense contrebalance largement l'unicité de l'univers dans lequel se trouvent les observateurs, une personne prise « au hasard » a maintenant beaucoup plus de chances d'être dans un univers de type A que de type B (puisqu'il y a au total 1 000 × 1 000 = un million de personnes dans des univers de type B, et un milliard de personnes dans ceux de type A). Autrement dit, la prédiction est inversée : c'est maintenant l'univers A qui doit être, selon toute vraisemblance, observé, et non pas l'univers B. Ce qui montre qu'en principe, la vision d'Everett n'est pas indiscernable de la vision plus orthodoxe de l'école de Copenhague.

Il est bon de demeurer prudent avant, comme ce fut fait maintes fois dans l'histoire, de taxer une idée nouvelle d'« invérifiable ». Qu'on se souvienne d'Auguste Comte qui se refusait à considérer la question de la composition des étoiles comme étant de nature scientifique au motif qu'il était impossible d'aller la vérifier. Quelques années plus tard, naissait la spectroscopie qui permet, en mesurant les propriétés de la lumière, de connaître avec une précision extrême la nature des éléments qui émettent des rayonnements…

Depuis quelques décennies, d'immenses progrès ont été réalisés dans l'étude de la décohérence. C'est le nom génériquement donné à la théorie permettant de rendre compte de la transition entre le niveau quantique et le niveau classique. Selon ce modèle, quand un état « superposé » interagit avec son environnement, les différentes possibilités deviennent incohérentes (d'où le nom du modèle) et la probabilité d'observer une superposition tend donc naturellement vers zéro. La décohérence, en rendant compte de la manière dont s'ajoutent les « phases », fonctionne redoutablement bien et semble apporter une réponse naturelle au paradoxe de la superposition sans qu'il soit nécessaire de recourir à l'interprétation vertigineuse d'Everett. Beaucoup y voient la solution ultime au problème et l'aboutissement de la mécanique quantique. Il suffirait de tenir compte de cet effet d'environnement pour lever les paradoxes : le monde usuel émergerait ainsi spontanément des états ubiquistes de la physique quantique.

Mais en réalité tel ne peut vraisemblablement pas être le cas. La décohérence mène effectivement à des états mutuellement exclusifs mais ne mène pas à un état *unique* comme celui que nous observons effectivement dans le monde classique et familier ! Elle est donc nécessaire à une compréhension fine de la physique quantique, mais elle n'est pas suffisante. La décohérence n'explique pas comment et pourquoi le réel choisit un état spécifique plutôt qu'un autre. Elle ne génère pas l'unicité de manière dynamique. La vision d'Everett conserve donc tout son sens et, sans être prouvée – mais aucune théorie physique ne peut d'ailleurs jamais l'être –, constitue à l'évidence une vision mathématiquement cohérente et métaphysiquement stimulante.

Les physiciens ont coutume, pour illustrer la superposition quantique, de donner l'exemple d'un chat, dit « de Schrödinger », qui serait enfermé dans une boîte opaque. Au sein de cette enceinte, on disposerait un noyau radioactif décrit par la mécanique quantique. Si le noyau se désintègre, il émet des particules qui sont détectées par un dispositif approprié et qui déclenche un mécanisme libérant un poison violent qui tue le chat. Au contraire, tant que le noyau ne se désintègre pas, rien de particulier ne survient et le délicat félin peut continuer de s'ébattre. Mais comme le noyau est quantique, il peut être dans une superposition d'états. Il peut être à la fois désintégré et non-désintégré. Le dispositif devrait ainsi porter le chat à être à la fois… mort et vivant ! Dans la vision d'Everett, il existe un univers où il est mort et un autre où il est vivant. Les mondes pullulent.

Figure 4.2. Le dispositif sur la droite libère le marteau qui brise la fiole de poison et tue le chat si le noyau radioactif qui s'y trouve enfermé se désintègre. Si le noyau, objet quantique, est dans une superposition d'état, l'animal lui aussi doit l'être !

Cet exemple du chat, consacré par l'histoire et présenté dans tous les manuels de mécanique quantique, n'est pas seulement révélateur de nos interrogations quant à la physique subatomique. Il l'est aussi de notre rapport apathique à la souffrance et à la mort animale. Au-delà de ce choix douteux mais finalement assez anodin, permettant d'illustrer le problème de la superposition des états, j'aimerais que nous puissions enfin faire face à l'immense et abyssale question éthique du sort réservé aux animaux. Les hommes n'en finissent pas de supplicier et d'abattre leurs chats de Schrödinger… Alors même que nous ne pouvons plus dénier le statut d'être sensibles – souffrant et ressentant – aux animaux (celui-ci est même depuis peu entériné par la loi), que l'existence d'une conscience animale ne fait dans bien des cas plus doute, que notre compréhension du vivant nous prouve que rien ne permet de placer les humains dans une catégorie transcendante ou radicalement hétérogène, notre violence à leur égard ne cesse de se décupler. Se joue ici quelque chose d'aussi tragique qu'incohérent qui engage lourdement notre responsabilité. Responsabilité face aux autres vivants auxquels nous dénions la vie elle-même, face à l'environnement qui ne peut plus supporter la pression exercée par l'alimentation carnée (nourrir du bétail pour fournir de la viande exige dix fois plus de ressources que si les personnes étaient nourries directement par les céréales utilisées pour les bovins), face aux humains de demain auxquels nous léguons des corps empoisonnés. Il n'est plus possible de considérer, une fois encore, une fois de plus, une fois de trop, que cette question essentielle et *stricto sensu* existentielle, n'est qu'une sensiblerie secondaire qui sera traitée le moment venu. Le moment est venu depuis son origine même et pourtant, sans une violence faite à la violence elle-même, il n'y sera jamais fait face. Que les animaux réifiés endurent les pires calvaires et meurent loin de nos regards – dissimulation savamment orchestrée – n'ôte rien, bien au contraire, à l'urgence de la question.

5

Une brève histoire des mondes multiples

> *« La Muse anime, soulève, excite, met en branle.*
> *Elle veille moins sur la forme que sur la force.*
> *Ou plus exactement : elle veille avec force sur la forme.*
> *Mais cette force jaillit au pluriel. Elle est donnée, d'emblée,*
> *dans de multiples formes. Il y a les Muses et non la muse.*
> *Leur nombre a pu varier, ainsi que leurs attributs,*
> *mais toujours les Muses auront été plusieurs. »*
>
> Jean-Luc Nancy, *Les Muses*

Bien que la physique donne un nouveau sens au concept de multivers, il est essentiel de garder à l'esprit que l'idée n'est pas une invention contemporaine.

Les origines grecques

Sans doute, Anaximandre, philosophe présocratique grec (vers 610 av. J.-C. – vers 546 av. J.-C.), peut-il (au moins suivant les extraits lacunaires dont nous disposons) être considéré comme l'un des pères de la notion de mondes multiples. Il invente la pluralité des mondes en supposant qu'ils apparaissent et disparaissent, que certains émergent quand d'autres périssent. Ce mouvement est pour lui nécessairement éternel car, écrivait Simplicius, « sans mouvement il ne peut y avoir ni génération ni destruction ». Anaximandre clamait d'ailleurs que le principe des êtres émane de l'infini, duquel proviennent les cieux et les mondes. Et Cicéron lui-même spécifie en outre que le philosophe associait des dieux différents aux mondes innombrables qui se succèdent. La cosmologie d'Anaximandre marque une rupture par rapport à celles de ses prédécesseurs, tant dans ce qu'elle énonce que par ce sur quoi elle se fonde. Elle s'organise dans une sorte de tension définitoire entre le principe de l'illimité (*a-peiron*), la structure des objets constituant le monde et le caractère du monde lui-même, en tant que système astral. Anaximandre impose à la nature de n'avoir aucun droit à l'immortalité et à l'unicité. Au croisement de l'empirie et de la pensée transcendantale, le concept de mondes multiples apparaît en quelque sorte ici par défaut. La finitude du monde – limité en qualité, en espace et en temps – impose sa corruption. Il est périssable parce que limité. Anaximandre, que certains, comme le physicien Carlo Rovelli, considèrent comme le précurseur de la physique moderne, crée la pluralité des mondes dans un strict désir de cohérence interne et d'intelligibilité.

Plus tard, la question se pose également chez les atomistes. Chez Démocrite (début du IVe siècle avant J.-C.) comme chez Épicure (début du IIIe siècle avant J.-C.), les atomes ne sont pas seuls en nombre illimité, mais les mondes semblent l'être aussi. Univers s'écrit au pluriel, les mondes peuvent naître et mourir. Mais ici, la multiplicité se diffracte : la multiplicité des effets (mondes et agencement atomiques) n'est possible que si l'on pose une multiplicité des principes. Il convient néanmoins de considérer avec prudence cette notion d'infini. Lorsque Démocrite écrit que le nombre des formes atomiques est illimité, cela ne signifie pas strictement qu'il est rigoureusement infini au sens du dénombrement ou de la numération : le terme est moins contraint que chez Anaximandre et peut se traduire par « indéfini » autant que par « illimité ». La Nature s'invente une sorte de contingence structurelle au sein même de ce mécanicisme déployé : la nécessité est moins impérieuse parce que les formes qu'elle revêt se multiplient. Jusque dans l'étonnante contemporanéité de la *peripalaxis* originelle : collision ou éclaboussement primitif qui induit un jaillissement sans direction privilégiée, en étrange résonance avec notre actuel Big Bang…

L'approche d'Épicure, tout en se fondant sur la physique démocritéenne, entreprend de la refonder radicalement. Épicure limite les formes atomiques et Lucrèce, son disciple latin, écrit explicitement que « les formes de la matière ne doivent pas non plus varier à l'infini ». Et c'est précisément ce refus de l'illimité qui impose une pensée de la limite magnifiquement incarnée par l'image de la *déclinaison*. Cet écart *nec plus quam minimum* (pas plus que le minimum) des particules à leurs trajectoires ouvre ce que Lucrèce nomme un « principe d'indétermination ». Les corps peuvent maintenant dévier aléatoirement de leurs lignes de chute. Mais en contrepoint de cette stochasticité des événements, Lucrèce insiste sur l'inéluctabilité des lois.

Moyen Âge et Renaissance

L'extrême liberté des atomistes grecs ne pouvait pas convenir aux grands systèmes du Moyen Âge. La pluralité des mondes grecs était toujours, d'une manière ou d'une autre, associée à un refus du finalisme, ce que souligne, au XIIIe siècle, Thomas d'Aquin : « C'est pourquoi ceux-là seuls ont pu admettre une pluralité des mondes, qui n'assignaient pas pour cause à ce monde-ci une sagesse ordinatrice, mais le hasard. Ainsi Démocrite disait que la rencontre des atomes produit non seulement ce monde mais une infinité d'autres. » La solution de saint Thomas, pour qui tout s'arrime nécessairement à un principe unificateur et organisateur, est connue : « La raison pour laquelle le monde est unique, c'est que toutes choses doivent être ordonnées à un but unique selon un ordre unique. [...] Et Platon prouve l'unité du monde par l'unité de l'exemplaire dont il est l'usage. » Autrement dit : « l'unicité du monde découle de sa finalité ». Le système théologique ferme les portes ouvertes par les libres-penseurs grecs.

La Renaissance voit à nouveau fleurir les mondes multiples. Nicolas de Cues – contemporain de la redécouverte de Lucrèce – pose, dans sa *Docte Ignorance* publiée en 1440, les fondements d'une cosmologie post-médiévale empruntant à Empédocle, philosophe et médecin grec du ve siècle avant J.-C., l'image d'un « Univers qui a son centre partout et sa circonférence nulle part ». De façon remarquable, il envisage une pluralité de mondes dont les habitants se distingueraient par leurs caractères propres : « Nous soupçonnons que les habitants du Soleil sont plus solaires, éclairés, plus illuminés et intellectuels ; nous les supposons plus spirituels que ceux qui se rencontrent sur la Lune et qui sont plus lunatiques ; sur la Terre enfin, ils sont plus matériels et plus grossiers. [...] Il en est semblablement des régions des autres étoiles, car aucune d'elles, pensons-nous, n'est privée d'habitants. »

Nicolas de Cues ouvre une brèche vers la pluralité dans laquelle s'engouffrera Giordano Bruno, philosophe italien mort brûlé vif en 1600 : « Fais-nous encore connaître ce qu'est vraiment le ciel, ce que sont les planètes et tous les astres ; comment les mondes infinis sont distincts les uns des autres ; comment tel effet infini n'est pas impossible mais nécessaire [...]. Apporte-nous la connaissance de l'univers infini. Déchire les surfaces concaves et convexes qui terminent au dedans et au dehors tant d'éléments et de cieux. Jette le ridicule sur les orbes déférentes et les étoiles fixes. Brise et jette à terre, dans le grondement et le tourbillon de tes arguments vigoureux, ce que le peuple aveugle considère comme les murailles adamantines du premier mobile et du dernier convexe. Que soit détruite la position centrale accordée en propre et uniquement à cette Terre. [...] Donne-nous la science de l'équivalence de la composition de notre astre et monde avec celle de tous les astres et mondes [...]. Montre que la consistance des autres mondes dans l'éther est pareille à celle de celui-ci. » Qu'on ne s'y trompe pas : Bruno ne se contente pas d'arguer contre le géocentrisme, c'est toute l'armature conceptuelle du *cosmocentrisme* qui est patiemment mise à mal. Tout en maintenant la distinction entre Dieu et l'Univers, Bruno élimine la transcendance, en considérant l'un et l'autre comme deux faces internes d'une même réalité, qui ne saurait exister séparément.

Son frère de cœur français, François Rabelais (1483 ou 1494-1553), propose des univers multiples en un sens finalement très différent bien qu'indéfectiblement lié. Il mentionne explicitement l'existence de « plusieurs mondes ». Suivant le cycle du temps, il tomberait des vérités dans les mondes disposés selon une structure triangulaire autour du cercle des idées platoniciennes. Les mondes de Rabelais ne sont pas « autre part » comme chez Bruno. Ils sont sous ou dans le nôtre, à l'image des oiseaux qui volent dans la bouche de Pantagruel. Bruno est dans le langage vernaculaire de la philosophie, il cherche une cohérence logique et une vision holiste, c'est-à-dire globale et exhaustive. Rabelais, quant à lui, est dans la narration de la Nature et l'auto-exégèse de sa propre narration : il s'interprète lui-même autant qu'il interprète le monde.

Âge classique

À l'âge classique, Gottfried Wilhelm Leibniz (1646-1716) peut naturellement être considéré comme le grand inventeur des mondes multiples au sens radical du terme. Comme l'a longuement souligné Gilles Deleuze, Leibniz est un théoricien de l'ordre dans toutes les ramifications possibles du concept. Mais, paradoxalement, pour que cet ordre implacable fonctionne, il lui faut inventer des concepts « échevelés », dans une création continue, presque frénétique. Les concepts fleurissent chez Leibniz. Quand il décrète que notre monde est le « meilleur » parmi une très grande quantité, voire une infinité d'autres, il ne faut pas omettre que tous présentent une parfaite cohérence interne. Mais ces univers n'ont pas d'existence réelle. Ce sont des mondes logiquement possibles que Dieu (lui-même subordonné à la raison puisque c'est une condition nécessaire à l'absoluité de la liberté) aurait pu créer mais qu'il a librement choisi de ne *pas* créer. Leibniz est très clair : « J'appelle monde toute la suite et toute la collection de toutes les choses existantes, afin qu'on ne dise point que plusieurs mondes pouvaient exister en différents temps et en différents lieux car il faudrait les compter tous ensemble pour un monde ou si vous voulez pour un univers. Et quand on remplirait tous les temps et tous les lieux, il demeure toujours vrai qu'on les aurait pu remplir d'une infinité de mondes possibles dont il faut que Dieu ait choisi le meilleur; puisqu'il ne fait rien sans agir suivant la suprême raison [...]. Il faut savoir que tout est lié dans chacun des mondes possibles : l'Univers, quel qu'il puisse être, est tout d'une pièce, comme un océan; le moindre mouvement y étend son effet à quelque distance que ce soit quoique cet effet devienne moins sensible à proportion de la distance : de sorte que Dieu y a tout réglé par avance [...] de sorte que rien ne peut être changé dans l'Univers (non plus que dans un nombre) sauf son essence, ou, si vous voulez, sauf son individualité numérique. »

Leibniz pense donc aussi une forme de contingence du monde réel et effectif : il pourrait ne pas être ou être autre.

La tension fondamentale de la pyramide leibnizienne tient à ce que, s'il est loisible, parmi les compossibles (c'est-à-dire non seulement ce qui est possible mais aussi ce qui est compatible avec les autres composantes du monde réel), de considérer qu'un choix est opéré par le créateur, il est en revanche exclu de s'extraire des vérités nécessaires. La révolution à venir tiendra en partie à une transgression du système de Leibniz en établissant une sorte de porosité épistémique entre le nécessaire (le cadre logique) et le contingent (les phénomènes au sein du cadre).

Peu après Leibniz, Bernard Le Bouyer de Fontenelle publie en 1786 ses *Entretiens sur la pluralité des mondes.*

Il est ici question d'inclure la révolution copernicienne dans une philosophie naturelle cartésienne. Mais le cœur de ce discours, au confluent de la conversation galante et de la pensée scientifique, repose sur la notion de point de vue. Il est question de perspectivisme, autrement dit de la relativité des visions. Le savoir y est pensé comme subordonné à certaines constructions dont les fondements ne sont pas immuables. La dimension culturelle de la connaissance est fortement soulignée. Le discours de Fontenelle n'est pas seulement sceptique : il s'attelle à rendre acceptable et signifiant un certain relativisme. Il offre une légitimité profonde à cette posture si décriée par la tradition. Il donne un sens authentiquement révolutionnaire à l'irréductible diversité des mondes, bien au-delà de l'acceptation purement scientifique de cette diversité. Il fait face à la multiplicité des regards sur le monde comme autant de petites démiurgies.

La philosophie contemporaine

En philosophie analytique contemporaine, David Lewis propose une architecture très différente des mondes multiples. À la question essentielle de l'existence effective de ces mondes possibles, Lewis répond positivement de façon non ambiguë : c'est la thèse centrale du réalisme modal qu'il dessine ici. Et il ne se fonde pas sur l'astrophysique mais sur le langage. Le monde que nous habitons, le *Cosmos* tout entier, n'est qu'un monde parmi une pluralité d'autres, qui sont ici spatialement et causalement décorrélés les uns des autres. Tout ce qui aurait pu se produire dans notre monde se produit réellement dans un ou plusieurs des autres mondes. Dans certains mondes, Nietzsche ne renie pas Wagner et s'enthousiasme pour Socrate, dans d'autres, Platon chante les louanges des harmonies complexes de la flûte ou de la cithare et invite les artistes à prendre le pouvoir dans la cité. Tout ce que nous aurions pu faire dans ce monde (mais n'avons pas fait) est effectué par l'une de nos contreparties dans un autre monde. L'histoire de cette contrepartie coïncidait jusqu'alors avec la nôtre et s'en écarte dès lors que l'un de ses éléments de réalité diffère du nôtre. Suivant le réalisme modal, l'actuel et le possible ne présentent pas de différence fondamentale quant à leur existence. Ils ne diffèrent que dans leur relation à nous : les mondes possibles nous sont inaccessibles, mais ils n'en sont pas moins réels. Les réponses de Lewis à la tendance dominante, considérant les mondes multiples comme des entités abstraites et irréelles, tiennent pour l'essentiel dans son œuvre majeure : *On the Plurality of Worlds* (*Sur la pluralité des mondes*).

Il s'agit moins pour lui de convaincre (dans une certaine tradition pragmatique, il se soucie plus des effets que des fondements) que de proposer une véritable métaphysique modale. Pourquoi faudrait-il croire à la pluralité des mondes? Lewis fonde son argumentaire sur la structure du langage ordinaire. Autrement dit, il s'attache à rechercher ce à quoi peut référer une expression comme «les façons dont les choses auraient pu se passer» pour montrer qu'il ne peut s'agir que de mondes possibles. Face aux objections de certains de ses contemporains montrant qu'en fait ces structures linguistiques renvoient beaucoup plus probablement à des concepts abstraits, Lewis a abandonné cette tentative de justification pour se concentrer sur une approche systématique et presque systémique du problème. La cohérence d'une telle démarche repose sur la construction d'une *théorie totale*, c'est-à-dire d'une étude de l'ensemble de ce que l'on «considère comme vrai». D'un point de vue technique, l'intérêt de l'hypothèse des mondes possibles tient à ce qu'ils constituent un moyen de réduire la diversité des notions qui doivent être considérées comme primitives : la «vérité» dans le langage y devient plus simple à définir et à appréhender. Ce qui autorise une large économie conceptuelle et renforce l'unité globale de la théorie autant que sa robustesse. Lewis considère que ses mondes pluriels sont un paradis pour les philosophes au même titre que les classes sont un paradis pour les mathématiciens. Naturellement, Lewis, pour qui l'utilité de cette diversité est l'argument central, est conscient que celle-ci n'est pas un critère suffisant pour en asseoir la légitimité : qu'une idée soit pratique ne suffit pas à la rendre vraie. C'est pourtant sur une analyse des coûts et bénéfices du concept des mondes pluriels qu'il entend fonder l'essentiel de sa « démonstration ».

Les mondes de Lewis sont *abondants*. C'est une caractéristique fondamentale. Il ne doit pas y avoir de « vides » dans l'espace logique de façon que tous les possibles envisageables soient effectivement réalisés quelque part. Lewis développe un rigoureux principe de recombinaison permettant de créer des mondes. Il s'agit essentiellement par-là de s'assurer d'une profusion de mondes suffisante pour combler le *requisit* de complétude du système. De nombreuses objections au réalisme modal ont été naturellement proposées. Elles sont de nature linguistique, épistémique, éthique et même intuitive. Pour chacune d'elles, Lewis offre des solutions détaillées et plausibles mais force est de constater que la thèse centrale du réalisme modal n'a pas été largement acceptée. En proposant que la réalité soit une notion indexicale, c'est-à-dire qu'elle doive être adossée aux situations locales qui la produisent, Lewis ouvre pourtant une voie singulière, extrêmement féconde pour fonder un paradigme logique et philosophique propice à la description des multivers physiques.

Nelson Goodman, enfin, propose des mondes multiples en un sens très différents et peut-être plus radical encore. Inspiré tout à la fois par le philosophe allemand néo-kantien Ernst Cassirer et par William James, il s'intéresse à nos capacités de création de mondes par l'usage de symboles. Goodman montre que nos manières de décrire le réel sont plutôt des manières de créer des mondes. Et parce que ces manières sont nombreuses et souvent incompatibles, les mondes en question sont eux aussi abondants et irréductibles les uns aux autres. Le rôle de l'irréductibilité est essentiel dans son approche : il s'agit de comprendre que les mondes de la littérature ou des arts plastiques, par exemple, ne peuvent se réduire aux mathématiques ou à la biologie moléculaire. Ils ne le peuvent ni en fait ni en droit. Nos manières de penser le réel sont si diverses – et souvent exclusives les unes des autres – que supposer l'existence sous-jacente d'un monde unique ne fait plus sens : mieux vaut considérer des mondes multiples créés pas nos usages symboliques.

Il est intéressant que la posture de Goodman – très révolutionnaire et novatrice – ne provienne pas d'un désir de diversité posé *a priori* mais soit bien plutôt la conséquence d'un austère rigorisme. C'est, lui aussi en philosophe analytique, féru de logique, que Goodman parvient en effet à supposer l'existence de ces « mondes innombrables faits à partir de rien par l'usage de symboles ». Bien qu'elle n'ait aucun lien direct avec le multivers physique, cette posture de « relativisme radical sous contrainte de rigueur », comme la nommait Goodman, me semble extrêmement féconde pour penser la physique contemporaine : une manière, non unique et sans velléité hégémonique, de *faire* un monde.

D'autres philosophes, en particulier des auteurs français contemporains, s'intéressent à ces plurimondes. Mon ami Jean-Clet Martin, auteur de nombreux ouvrages et proche de Gilles Deleuze, a récemment forgé le concept de plurivers. Il y pense la *divergence* dans toute son intensité. Et, avec Jean-Luc Nancy, figure majeure d'une ligne philosophique tracée avec Jacques Derrida et Philippe

Lacoue-Labarthe, nous avons pris le risque d'écrire *Mondes*, au pluriel, dans une réflexion sur le « plus d'un ».

Si donc les univers multiples de l'astrophysique contemporaine demeurent évidemment novateurs et se fondent sur des idées scientifiques récentes, il convient de garder à l'esprit que la diversité des mondes n'est pas une invention nouvelle. Nous sommes aussi les héritiers de ce long cheminement aux ramifications elles-mêmes innombrables. En marge de son obsession de la mise en ordre et de réduction à l'unité, notre histoire intellectuelle inventa également – et j'oserais : heureusement ! – ces îlots de subversion et d'insolence.

6
L'INFLATION ÉTERNELLE

« Et s'il fallait dénaître pour enfin accéder au réel, pour le toucher dans son unité ? Tout détruire, l'être et ce qu'il croit être, s'invaginer par des vagues de rage étonnante, pour enfin aborder l'être-là. »

Mathieu Brosseau, *Ici dans ça*

Quelques problèmes du modèle du Big Bang

Le modèle du Big Bang, au sens large, décrit notre univers comme étant en expansion et en refroidissement depuis un passé dans lequel les distances étaient nettement plus petites qu'aujourd'hui et la température moyenne était très élevée. La totalité de notre volume de Hubble, de tout ce qui est visible, se trouvait ainsi comprimé dans une sphère de taille inférieure à celle d'une tête d'épingle. Aussi étonnant soit-il, le modèle est remarquablement cohérent. Il est sous-tendu par de multiples observations et se trouve parfaitement expliqué par la relativité générale. En tant que cadre global de la pensée cosmologique, il est vraisemblable qu'il ne soit plus remis en cause, même si la posture scientifique impose de demeurer perméable au doute et à la possibilité de l'effondrement. De même que la rotondité de la Terre a peu de chance d'être contestée dans le futur, on peut raisonnablement conjecturer que l'expansion de l'espace est presque un acquis définitif.

Ce bel édifice n'est pourtant pas exempt de paradoxes. D'abord, parce qu'il est aujourd'hui avéré que l'essentiel de la masse de l'Univers est invisible et qu'une mystérieuse énergie noire fait accélérer l'expansion cosmologique. Mais surtout pour plusieurs autres raisons qui vont justifier l'introduction d'un amendement significatif au paradigme : l'inflation cosmologique. Que sont ces difficultés ?

En premier lieu, il s'agit de l'étonnante homogénéité de l'Univers. Le rayonnement fossile montre que la température est la même dans toutes les directions avec une précision redoutable ! Plus encore que de révéler de petites aspérités lourdes de signification, c'est là la première grande leçon du rayonnement cosmologique fossile : un univers essentiellement semblable en tout point. Pourtant, suivant le modèle standard, nombre de ces points ne sont pas en contact causal. Cela signifie qu'ils n'ont jamais eu la possibilité d'interagir et, par conséquent, d'échanger de la chaleur. Par quel miracle se trouvent-ils donc exactement à la même température ? On peut comprendre que la température de la soupe – fût-elle primordiale – dans une marmite – fût-elle cosmologique – soit homogène suite aux processus de diffusion au sein de celle-ci. Mais comment comprendre que quarante mille chaudrons (il y a autant de zones célestes apparemment indépendantes vues dans le rayonnement fossile) pris en charge par quarante mille sorciers ne communiquant pas les uns avec les autres soient effectivement dans le même état ? C'est le premier paradoxe qui va susciter le besoin d'invoquer la théorie inflationnaire.

Le rayonnement fossile

L'Univers se dilate et se refroidit. Peu après le Big Bang, la densité et l'énergie étaient si élevées que la lumière ne se propageait pas librement. Elle était constamment en interaction avec la matière. Mais vint un instant (environ 380 000 ans après le Big Bang) où la température fut assez basse pour que la lumière n'interagisse plus et se propage alors librement. Ce bain de photons constitue ce qu'on nomme le « rayonnement fossile » et représente la première lumière de l'Univers.

Ensuite, la physique des particules prédit l'existence de monopoles magnétiques qui auraient dû se former dans l'univers primordial. Ce sont des objets lourds, environ dix millions de milliards de fois plus massifs que des protons. Ils constituent des entités génériquement attendues dans le cadre des théories d'unification qui entendent concilier les deux forces nucléaires et l'électromagnétisme. Ces théories doivent décrire l'état de l'Univers quand celui-ci était encore très chaud (typiquement à une énergie mille milliards de fois plus élevée que celle atteinte dans l'accélérateur LHC du CERN). Mais les monopoles magnétiques devraient alors être aussi abondants que les protons, or ces derniers sont partout autour de nous et en nous-mêmes ! Tel n'est manifestement pas le cas des monopoles magnétiques, quelque chose ici signe une incohérence.

De plus, notre espace semble étonnamment plat. Dans ce contexte, plat ne signifie pas « aplati » au sens d'une galette ou d'une crêpe mais dépourvu de courbure, c'est-à-dire euclidien. Un espace euclidien est un espace dans lequel la géométrie apprise au collège est correcte : la somme des angles d'un triangle y vaut 180 degrés et la circonférence d'un cercle y est égale à 2 pi fois son rayon. Mais la relativité d'Einstein nous a appris que ce n'est en général pas le cas. La masse distord l'espace et lui imprime une structure beaucoup plus complexe. L'espace plat ou euclidien est une situation extrêmement spécifique qui n'a aucune raison d'être celle réalisée dans la Nature. Il n'est pas aisé de définir *a priori* ce que devrait être la courbure de l'Univers. Mais il est possible de trouver un guide : en relativité générale, la seule échelle « naturelle » de longueur est l'échelle de Planck : 10^{-35} mètre. Il serait donc raisonnable d'attendre une courbure dont le rayon est de cet ordre de grandeur. Or, il semble, tout au contraire, que notre univers soit extrêmement plat jusqu'à l'horizon cosmologique, c'est-à-dire environ 10^{26} mètres ! La contradiction est immense.

Une autre difficulté provient du nombre de particules dans l'Univers. En considérant une zone dont la taille est donnée par la longueur de Planck, juste émergeant du Big Bang, il est possible d'évaluer le nombre moyen de particules qu'il est raisonnable d'y attendre. Et le résultat est de l'ordre de… une seule particule ! Alors que l'on peut estimer le nombre total de particules dans notre Univers à au moins 10^{88}. L'écart entre les deux nombres n'est, là encore, pas mince. Dans un modèle naïf et sans inflation, l'Univers devrait être vide.

Enfin, comme le rappelle Andrei Linde, l'un des artisans importants de cette problématique, se pose le problème de la synchronocité. Pourquoi toutes les zones de l'Univers auraient-elles commencé à enfler simultanément ? Quel chef d'orchestre a donné le « top départ » ? Qui bat la mesure ? Pourquoi les instruments célestes sonnent-ils à l'unisson ?

Une élégante solution : l'inflation

De façon remarquable, l'ensemble de ces difficultés va trouver une solution particulièrement simple *via* un unique amendement au paradigme cosmologique : l'invention de l'inflation. L'inflation (proposée initialement par Brout et Englert, puis par Starobinsky, et développée par Guth et Linde) est une augmentation vertigineuse de la taille de l'Univers dans ses premiers instants. Il faut ici être très clair et très prudent sur le sens du terme « taille ». Là encore, si l'Univers est infini – ce qui est possible suivant les connaissances d'aujourd'hui – il n'y a pas grand sens à dire que sa taille augmente : elle est déjà infinie à tout instant. Et il n'est pas même ici question de l'Univers observable puisque celui-ci, au sens strict, n'enfle pas réellement pendant l'inflation. Ce qui augmente est le facteur d'échelle, c'est-à-dire la distance relative entre deux points. Si le facteur d'échelle de l'Univers est multiplié par 10, cela signifie que la distance entre deux galaxies arbitraires s'est trouvée décuplée. Cela ne préjuge en rien de la taille « totale » de l'Univers. C'est toujours de cela dont il est question quand l'expansion ou la contraction sont évoquées en cosmologie : d'un accroissement ou d'une réduction des distances entre les objets situés dans l'Univers, pas strictement d'une variation de la « taille » de l'Univers lui-même.

L'inflation est un phénomène d'une amplitude proprement incroyable. Même si l'univers était initialement aussi petit que la longueur de Planck, soit 10^{-35} mètre, il acquerrait typiquement en un milliardième de milliardième de milliardième de milliardième de seconde une taille qui pourrait être de l'ordre de $10^{100\,000\,000\,000}$ mètres ! C'est un chiffre qu'il est impossible de se représenter. Il est

« infiniment » grand par rapport à n'importe quelle distance mesurable ou même pensable. La partie observable, notre volume de Hubble, n'a une taille que de 10^{26} mètres environ. Il est donc clair, dans ce contexte, que même si l'Univers est fini, il est immensément plus grand que la portion qui nous est accessible. Comme si, à la surface de la Terre, nous ne pouvions accéder qu'à un petit cercle d'un millimètre de diamètre (et même beaucoup moins si l'on voulait conserver les proportions) : un immense territoire demeurerait hors de portée. Lieu du secret ou du fantasme, non-lieu énigmatique du merveilleux – en tant qu'il se distingue du magique et du miraculeux –, c'est naturellement vers cet invisible que se tourneront nos espoirs et nos calculs.

Ce modèle résout de fait toutes les difficultés précédemment mentionnées. Parce que l'espace a « inflaté » considérablement, les zones qui semblaient être indépendantes les unes des autres s'avèrent en fait avoir bien été en contact causal, mais avant l'inflation ! Il n'y a plus de paradoxe à ce qu'elles apparaissent comme si semblables : l'inflation les recolle. Les éventuels monopoles magnétiques sont tellement dilués qu'il est naturel de ne pas en observer. Enfin, toute composante de courbure initiale disparaît pratiquement pour la même raison. Imaginons une petite balle de quelques centimètres de diamètre et supposons que la partie visible (notre univers) soit une portion de la surface de celle-ci, par exemple d'une taille d'un centimètre. Il serait alors aisé de « sentir » la courbure : nous verrions que nous n'habitons pas sur un plan mais bel et bien sur une sphère. Mais si l'inflation porte maintenant le rayon de la balle initiale à des milliards de kilomètres, la zone visible, qui fait toujours un centimètre à la surface de celle-ci, semble totalement plane ! Il n'est absolument plus possible de se rendre compte que notre portion de surface appartient en fait à une sphère : la courbure, elle aussi, a été diluée. Localement, c'est-à-dire dans notre volume de Hubble, l'espace est euclidien. Cet effet de « taille » est aussi la raison pour laquelle il est impossible de réaliser que la Terre est ronde en demeurant dans un étang de quelques centaines de mètres carrés. Elle est, à cette échelle, pratiquement plate.

Le scénario est manifestement séduisant : ses capacités curatives sont exceptionnelles. L'inflation est un remède aux pathologies du Big Bang. Elle est une thérapeutique de choix. Mais quel est son fondement ? Pour quelle étrange raison l'Univers aurait-il ainsi « inflaté » ? Il ne suffit pas que l'inflation soit utile pour qu'elle soit réelle. La prescription n'est pas performative : il ne suffit pas de l'appeler de ses vœux. La cause est à chercher du côté de la physique des particules élémentaires.

En juillet 2012, le grand accélérateur LHC (*Large Hadron Collider*) du CERN, à Genève, a mis en évidence le boson de Higgs. Pour la première fois dans l'histoire était ainsi découvert un *champ scalaire* fondamental, c'est-à-dire une grandeur physique qui demeure tout à fait invariante par changement de système de référence. Il s'agit exactement de ce dont les cosmologistes ont besoin pour générer l'inflation. Le champ de Higgs, en lui-même, n'est pas un candidat naturel pour induire *stricto sensu* le mécanisme inflationnaire mais il ouvre une voie essentielle : il montre que de tels objets physiques existent bel et bien dans la nature et ne sont pas un simple fantasme de théoricien. Ils étaient attendus depuis bien longtemps mais demeuraient hypothétiques. De quoi s'agit-il ? Les champs scalaires emplissent l'espace. Ils sont des sortes de « potentialités ». Ils vont affecter les propriétés des autres particules, par exemple en leur conférant une masse (c'est ce qui advient dans le cas du Higgs). Les champs scalaires vont aussi permettre de briser les symétries. Ils jouent donc un rôle essentiel dans la compréhension de l'infiniment petit. Et même s'ils ne se laissent pas aisément identifier ou appréhender, ils sont partout.

Dans le cadre cosmologique, ces champs scalaires vont jouer un rôle très spécifique. Si, comme la physique de l'infiniment petit le suggère, un tel champ fut le contenu dominant de l'Univers dans les premiers instants, il devient très naturel de supposer qu'une phase d'inflation a eu lieu ! Elle n'est plus ajoutée « à la main ». On peut même montrer que l'inflation est un « attracteur » très puissant au niveau mathématique : cela signifie que presque toutes les évolutions possibles du champ vont mener à l'inflation. Et ceci fonctionne même pour les champs les plus simples, ce que nous appelons les « champs scalaires massifs ». Ces derniers ont d'ailleurs une histoire tourmentée : ils furent dans un premier temps très utilisés, puis défavorisés par les premières données de Planck et à nouveau favorisés par les mesures de BICEP2. Depuis que ces derniers résultats se sont révélés erronés, la situation est relativement confuse ! L'histoire des sciences est bien souvent cyclique et il est délicat de prévoir le futur, même à court terme. Mais le modèle inflationnaire lui-même n'est pas remis en cause.

L'inflation est non seulement utile à la science de l'Univers mais elle est aussi bien ancrée dans la physique des particules. Est-elle pour autant vérifiée par l'expérience ?

Prédictions de l'inflation et confrontation avec l'expérience

A-t-on prouvé l'inflation ? Évidemment pas. Comme toute théorie physique, il est impossible de la prouver. On ne peut que la corroborer, la conforter ou, bien évidemment, l'infirmer par des observations. Prouver une théorie nécessiterait non seulement de vérifier avec une précision infinie l'ensemble de ses prédictions, ce qui est évidemment impossible, mais imposerait également de démontrer que toutes les futures mesures seront elles aussi en adéquation avec cette même théorie, ce qui est sans doute plus impossible encore. Aucune théorie physique n'a donc été prouvée et aucune ne le sera jamais. Il est seulement possible d'accorder plus ou moins de crédit, en fonction de nos croyances, de nos principes et de nos observations, aux modèles non encore invalidés. La physique n'a pas vocation à énoncer des vérités absolues ou des certitudes éternelles. Il lui est structurellement impossible d'aspirer à de tels discours qui relèvent davantage de la théologie que de la science. Cette dernière – aussi indéfinissable soit-elle – compose, comme la philosophie, la littérature et la poésie, avec le doute, l'incertitude, l'imprévu et l'indécis. Elle fraye un sens *possible* dans la matrice-monde.

Toujours est-il que la théorie de l'inflation a conduit à un certain nombre de prédictions claires, faites *avant* les mesures correspondantes, ce qui est un gage de fiabilité (il est souvent possible d'infléchir une théorie *a posteriori* pour rendre compte d'une observation et c'est alors nettement moins probant). Elle prédit :

- que l'Univers doit présenter une géométrie presque exactement euclidienne, autrement dit dépourvue de courbure. Ce que les trois générations de satellites dédiés au rayonnement fossile, COBE, WMAP et Planck ont confirmé avec une précision qui n'a cessé de s'améliorer.

- que les petites « perturbations » de la métrique, c'est-à-dire de la géométrie, doivent présenter des caractéristiques très spécifiques : adiabaticité et gaussianité (dans les modèles les plus simples). Ces propriétés statistiques complexes, caractérisant la distribution des mesures, mais dont le sens précis n'importe pas ici de manière essentielle, ont été vérifiées par la mission Planck de façon extrêmement convaincante.
- que le spectre de puissance primordial, témoignant de l'amplitude des fluctuations à chaque échelle spatiale, doit être presque plat, mais pas tout à fait. Il doit en effet présenter une très légère pente vers le bas et on le dit alors « rouge ». Cette petite déviation est une prédiction très fine et très belle. Elle est maintenant mesurée de façon pratiquement irréfutable !
- que les « grumeaux » visibles dans le rayonnement fossile doivent exhiber une structure avec un « pic » nettement dominant quand on les classe par tailles décroissantes. Celui-ci témoigne de la présence d'une échelle angulaire privilégiée qui correspond aux ondes acoustiques se propageant dans l'univers primordial. Ce pic a, lui aussi, été observé par les trois expériences dominantes, ainsi d'ailleurs que de nombreux pics secondaires moins prononcés qui recèlent des informations plus fines et sont également attendus dans ce cadre.
- qu'il doit y avoir une production d'ondes gravitationnelles primordiales, c'est-à-dire de petites fluctuations

de la géométrie provenant du premier milliardième de milliardième de milliardième de secondes. C'est très exactement le signal que l'expérience BICEP2 a cru enregistrer depuis les glaces de l'Antarctique ! Il est néanmoins maintenant établi – grâce à Planck – qu'une large partie de cette mesure est due à des émissions d'avant-plan plus qu'à l'authentique signal cosmologique, et que l'énergie de l'inflation est trop faible pour permettre cette mesure à l'heure actuelle.

Il est raisonnable de demeurer dans une certaine défiance face à l'inflation. C'est une attitude saine. C'est une posture prudente et raisonnable. Il faut toujours laisser ouverte la possibilité d'une fissuration du paradigme et garder à l'esprit que toutes les révolutions semblaient impossibles – étaient même impensées – avant d'advenir. Mais au-delà de cette précaution de principe, force est de constater que l'inflation est aujourd'hui un modèle largement fondé, grâce à la physique des particules élémentaires, et fortement soutenu par de nombreuses prédictions vérifiées *a posteriori*.

Corroborer une telle théorie n'est pas une mince affaire. Chacune des expériences y ayant contribué a demandé des efforts immenses sur de longues échelles de temps. Chacune a exigé de mettre en place de larges collaborations entre des groupes et des pays différents. Entre des cultures et des méthodes différentes. En contrepoint de ces aventures à succès, d'autres expériences sont moins chanceuses et ne permettent pas d'avancées spectaculaires. Souhaitons que l'inflation du travail bureaucratique exigé des chercheurs – tout à fait certaine et démontrée celle-ci ! – ne tuera pas cette créativité. Quand l'administration et l'évaluation prennent le pas sur la recherche elle-même, quelque chose ne fonctionne plus. Un danger insidieux menace. La peur latente et diffuse de la *liberté* intellectuelle, la hantise de cette pourtant nécessaire errance, infecte les rouages organisationnels et génère cette ubuesque dérive. Une résistance efficace s'impose pour que la pensée, dans toute l'étendue de son inépuisable pouvoir de subversion et de sublimation, revienne au cœur de l'enjeu.

L'inflation éternelle et son multivers

Mais l'inflation ne se contente pas de résoudre certains des paradoxes de la cosmologie. Elle dessine aussi un nouveau visage du « méta-monde » : un multivers éternel en auto-reproduction.

L'inflation est donc créée par un champ scalaire. Il est le « matériau » étrange et néanmoins physiquement bien compris qui présente la caractéristique essentielle de ne pratiquement pas être dilué par l'expansion qu'il engendre. Il peut donc demeurer le contenu dominant pendant la totalité de la vertigineuse inflation qu'il induit. Comme ce champ est régi par la mécanique quantique, il fluctue sans cesse. C'est une des lois fondamentales du monde quantique : nul repos n'y est autorisé. Ces fluctuations sont comme de petites ondes qui se déplacent en tous sens et se figent les unes sur les autres (à l'instar de vaguelettes sur un tsunami) quand elles deviennent trop grandes pour continuer à osciller. Elles vont donc pousser le champ « vers le haut » dans quelques zones et « vers le bas » dans d'autres régions. Parfois, elles s'empilent les unes sur les autres pour maintenir le champ à une valeur élevée en dépit de sa propension naturelle à minimiser sa valeur et donc à descendre le long de son potentiel, à l'instar d'une bille qui dévale une pente. Le champ est intuitivement tel une boule qui tend à rouler sur la colline d'où il est lâché et à s'échouer dans la vallée qui l'entoure ou la sous-tend. Le potentiel est la forme de ce relief. La situation spécifique où les ondelettes contrecarrent tout à fait la chute ou placent le champ très haut sur son « potentiel » est *a priori* rare. Mais, quand elle se produit, l'espace commence à enfler exponentiellement ! Et ce d'autant plus intensément que le champ a atteint une valeur conséquente. Ces zones, peu nombreuses, où les fluctuations ont porté le champ très haut, vont donc rapidement voir leur taille devenir exponentiellement plus importante que celle des autres régions. Quand bien même elles seraient initialement exceptionnellement improbables, elles dominent rapidement l'ensemble du paysage. Pour être plus précis, l'expansion inflationnaire crée une sorte de friction ou de viscosité qui empêche le champ de descendre ou de rouler, c'est un effet inhérent à la dynamique et tout à fait classique.

Cela signifie, en clair, que dès que l'Univers contient une zone qui inflate celle-ci va automatiquement produire de nouvelles zones inflationnaires. La taille globale des parties soumises à l'inflation ne cesse donc jamais d'augmenter. Démesurément. À partir de chaque bulle en inflation, peut se produire la nucléation d'une nouvelle bulle. L'architecture globale est arborescente. Naturellement, quelques zones, comme celles dans laquelle nous nous trouvons actuellement, sont sorties de l'inflation. Et c'est sans aucun doute heureux puisque la phase inflationnaire de production paroxystique d'espace présente peu d'intérêt : nulle complexité n'émerge au cours de celle-ci. En un sens, notre univers a « commencé » à la fin de l'inflation. Mais, globalement, à l'échelle de l'arbre-monde, l'inflation ne cesse jamais.

Il s'ensuivrait, comme l'a proposé Andrei Linde, une sorte de structure cosmique fractale. À grande échelle, ce multivers serait éternel, immortel et, d'un certain point de vue, statique. Chaque bulle connaîtrait en principe un destin différent. Éventuellement, certaines pourraient même achever leurs existences ou les interrompre dans une catastrophique singularité. Mais le processus global demeurerait illimité. Protégé de toute interruption, prémuni contre la suspension. Inaltérable. Le « Big Bang » vu par chacune des bulles lors de leur naissance, y compris bien sûr la nôtre, ne serait alors qu'un épiphénomène local et non plus le commencement du grand tout. Il deviendrait un micro-événement à l'échelle du multivers. La quantité de bulles-feuilles de notre arbre multiversel croîtrait ainsi exponentiellement.

Ces boules de mondes se branchent les unes sur les autres. Certaines peuvent mourir sans descendances. D'autres peuvent engendrer de nombreux univers. L'Yggdrasil du multivers en auto-reproduction présente des ramifications complexes. Il fonctionne finalement plus sur le mode deleuzien du rhizome (un réseau sans hiérarchie) que sur celui de la verticalité organisée des racines, du tronc et des branches.

Dans ce cadre, au lieu d'être donc pensé comme une unique « boule de feu » se refroidissant et se dilatant à partir du Big Bang initial, le Cosmos serait constitué de multiples « boules de feu » créant de nouvelles « boules de feu » *ad infinun.* En ce sens, les pionniers de cette approche peuvent effectivement clamer que l'inflation n'est plus un phénomène spécifique dans le cadre de la théorie du Big Bang mais que le Big Bang est plutôt, lui-même, un événement parmi d'autres dans le cadre du modèle inflationnaire !

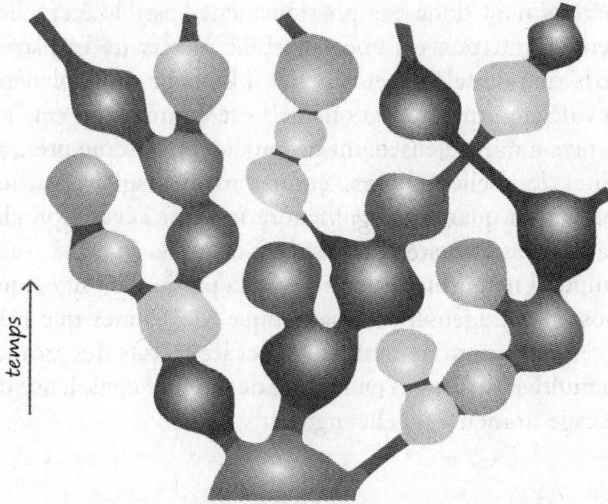

Figure 6.1. Arborescence de l'inflation éternelle (d'après Linde).

Une fois de plus, il n'existe aucune incompatibilité structurelle entre ce multivers et les précédents. Chaque bulle peut être constellée de trous noirs et de trous de vers. Et la mécanique quantique, interprétée par Everett, peut s'inviter dans la partie. Elle intervient même dans la description du champ qui, précisément, induit l'inflation. L'image est alors vertigineuse avec des feuillets parallèles contenant chacun différentes arborescences inflationnaires. Mais, comme nous le verrons au prochain chapitre, le multivers de l'inflation peut encore considérablement s'enrichir quand on le pense dans le cadre de la théorie des cordes…

Sans doute faut-il saisir ici l'occasion de se souvenir à nouveau que la Terre n'est pas l'Univers en inflation : sa taille est fixe et ses ressources ne peuvent croître indéfiniment. L'augmentation exponentielle des « prélèvements » – pour ne pas dire des pillages – que nous y opérons n'est donc pas physiquement possible éternellement. L'inflation est une « machine à créer de l'espace ». Mais rien de tel ne peut exister à l'échelle de la planète. Des dégâts irréparables ont déjà été commis sur cet îlot d'univers miraculeusement hospitalier et, comme presque toutes les belles choses, éminemment fragile. Aucune fluctuation quantique ne viendra inverser l'évolution climatique ou ressusciter les espèces éteintes. Aucun voyage temporel ne permettra de rejouer la partie. Il y a quelque chose d'outrageusement pathétique à constater que l'espèce qui aujourd'hui entend percer les secrets des arcanes du multivers n'est pas en mesure de prendre conscience du saccage immense qu'elle organise.

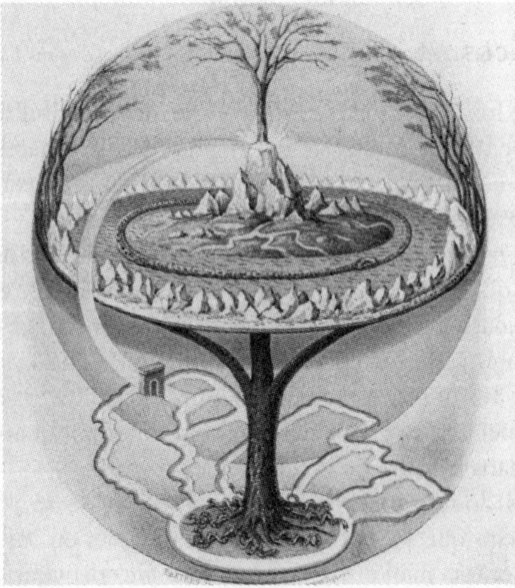

Figure 6.2. Yggdrasil, l'arbre monde de la mythologie nordique.

7

Le paysage des cordes

> *« N'est-ce pas cela : s'humilier pour faire souffrir son orgueil ? Faire luire sa folie pour tourner en dérision sa sagesse. »*
>
> F. Nietzsche, *Ainsi parlait Zarathoustra*

Microcosme

La physique des particules élémentaires est une des grandes réussites de la science du vingtième siècle. Le « modèle standard » de l'infiniment petit est une construction redoutablement efficace : tout ce que nous connaissons de la matière s'explique par l'agencement de quelques blocs fondamentaux. Bâti dans les années 1970 sur des percées remontant aux années 1930, il permet de comprendre la structure intime des objets à partir de deux grands groupes de corpuscules : les quarks et les leptons.

Chacun de ces groupes comporte six particules que l'on sépare en trois générations comportant chacune deux membres. Tout ce qui est stable autour de nous est composé uniquement à partir de la première génération, la plus légère : les particules massives se désintégrant rapidement, elles sont fugaces. La première génération de quarks est constituée des quarks « haut » et « bas », la seconde des quarks « charme » et « étrangeté », la troisième des quarks « top » et « beauté ». Chacun d'eux existe en trois couleurs différentes et ils s'agencent de façon à former des objets sans couleur. Les leptons sont également organisés en trois familles : l'électron, le muon et le tau avec leurs neutrinos associés. L'édifice est simple et stable. Imposant de cohérence.

En parallèle de la matière, le modèle standard décrit également les forces fondamentales. Elles sont au nombre de quatre : l'électromagnétisme, l'interaction nucléaire faible, l'interaction nucléaire forte et la gravitation. Les trois premières se comprennent parfaitement en termes de propagation de médiateurs nommés « bosons ». Les particules de matière se transfèrent ainsi des quantités discrètes d'énergie en échangeant des bosons.

Récemment, le grand accélérateur de particules du CERN, le LHC, a confirmé l'existence d'une dernière entité fondamentale : le boson de Higgs. Celui-ci permet d'expliquer pourquoi les bosons médiateurs de l'interaction nucléaire possèdent une masse alors que celui de l'interaction électromagnétique n'en possède pas. Le champ de Higgs joue un rôle essentiel dans la brisure de symétrie qui « scinde » l'interaction électrofaible aux basses énergies. Contrairement à ce qui fut trop écrit il n'est ni la « particule de Dieu » ni « la clef du Big Bang ». Il est juste l'un des éléments, parmi d'autres, de notre modèle standard. Un stylet posé sur sa pointe tombe et rompt la symétrie de révolution initiale. Mais ceci a lieu parce qu'il y a un champ qui le permet : le champ gravitationnel. Le Higgs est, dans une certaine mesure, l'analogue pour le cas des interactions électrofaibles.

La théorie des cordes est une extension radicale du modèle standard. Elle tente d'inclure la gravitation dans le

La théorie des cordes

– Dans les années 1968-1973, la théorie des cordes est inventée pour tenter de décrire les interactions fortes. Ce sont les modèles dits « de résonances duales ».
– Entre 1974 et 1983, se développe la théorie des « supercordes ». La communauté comprend que la gravitation apparaît naturellement.
– Entre 1984 et 1989, il devient clair que la théorie des cordes pourrait décrire toutes les particules et leurs interactions.
– Entre 1994 et 1999, sous l'impulsion d'Edward Witten, à Princeton, une nouvelle révolution associée à l'extension de la théorie des cordes avec la « Théorie-M » se dessine.
– Entre 2000 et maintenant, le paysage des lois associé à la théorie des cordes se dévoile.

cadre des forces décrites en termes quantiques. Mais elle est plus ambitieuse encore : elle entend subsumer toutes les particules et toutes les forces sous un « concept » unique, celui de cordes vibrantes fondamentales. Elle réinterprète donc les entités prétendument fondamentales comme autant de vibrations différentes d'une même classe de cordes quantiques. Observé « de loin », un électron, par exemple, semble quasi ponctuel mais rien n'interdit de penser qu'il soit, en réalité, représenté par une corde oscillante invisible aux échelles de distances aujourd'hui connues.

Cette théorie présente une incontestable élégance mathématique. En particulier parce qu'elle permet de s'affranchir de quelques pathologies récurrentes des théories de champs quantiques nommées « anomalies ». Ses objectifs sont vertigineux et, s'ils étaient atteints, constitueraient sans aucun doute une étape extrêmement marquante dans l'histoire de la physique. Il ne s'agirait certainement pas d'un achèvement, contrairement à ce qui est parfois prétendu, puisqu'il faudrait encore comprendre d'où émerge cette théorie, et d'où émerge, ensuite, la théorie qui prédit son émergence… et ainsi de suite probablement sans fin. Le socle est vraisemblablement inatteignable parce qu'inexistant. Et il faudrait également constater qu'une large part du réel demeurerait toujours hors de portée de la physique. Mais, indubitablement, il s'agirait d'une sorte de point d'orgue de cette histoire.

La théorie des cordes est-elle corroborée par l'expérience ? C'est ici que se trouve évidemment la difficulté majeure. Au mieux, il est possible de considérer qu'elle ne jouit d'aucun support observationnel. Au pire, il est raisonnable de craindre que toutes ses prédictions claires aient déjà été invalidées. Par exemple : l'espace devrait présenter neuf dimensions, la constante cosmologique devrait être négative, la supersymétrie devrait être à l'œuvre, le rayonnement fossile devrait présenter d'importantes « non-gaussianités » (c'est-à-dire des propriétés statistiques inhabituelles). Toutes ces prédictions – et peu importe ici leur signification précise – sont en contradiction avec l'expérience. Il est donc injuste de prétendre que la théorie des cordes ne prédit rien de testable ! Mais, naturellement, les choses ne sont pas si simples… Chacune de ces assertions correspond à une certaine interprétation de la théorie et des mesures. Chacune d'elles peut, dans certaines circonstances, être dépassée ou corrigée. Aucune d'elles n'est à proprement parler décisive dans son acception élémentaire. Des échappatoires, qui deviennent parfois des fondamentaux de la théorie, existent indéniablement.

Par-delà l'enjeu scientifique, la situation est également intéressante du point de vue historique et sociologique : en dépit de ces difficultés et malgré son incapacité à produire des prédictions vérifiées durant ses cinquante années d'existence, la théorie des cordes demeure une piste de recherche extrêmement étudiée et attire toujours une grande partie des physiciens théoriciens les plus brillants. Son élégance interne convainc. Fascine parfois, étonne toujours. La magnificence théorétique joue ici un rôle essentiel. L'histoire dira si les physiciens ont été aveuglés, contre l'évidence expérimentale, par un modèle stérile ou si, au contraire, guidés par une forme d'indéfectible foi mathématique, ils ont trouvé héroïquement la voie en dépit des difficultés rencontrées en chemin.

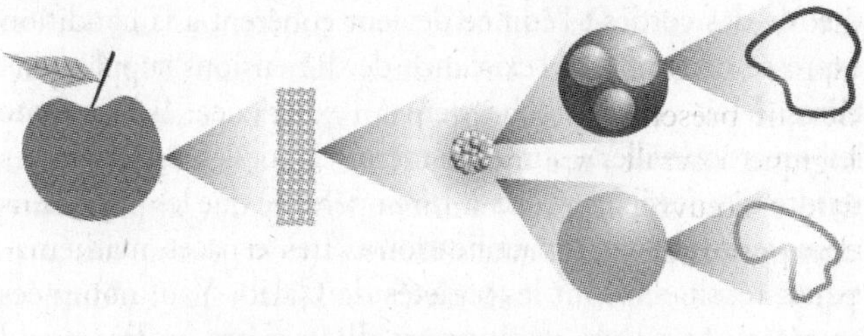

Figure 7.1. Les cordes quantiques constitueraient une sous-structure des particules connues.

Paysage

La prédiction la plus radicale de la théorie des cordes est évidemment celle du nombre de dimensions de l'espace. Ces dernières devraient donc être, si l'on suit cette approche, au nombre de neuf, voire de dix dans le cadre de la

Théorie-M qui prolonge et généralise la théorie des cordes. C'est une situation remarquable : aucun autre modèle physique ne prédit le nombre de dimensions, ils le supposent tous *a priori* égal à trois comme nous en faisons l'expérience quotidienne. Cette prédiction des cordes est donc exceptionnelle. Mais elle n'est pas égale à la valeur communément admise et usuellement expérimentée. Comment donc rendre viable cette théorie qui prédit un nombre de dimensions en désaccord avec nos observations ?

Il existe une amusante devinette que l'on pose parfois aux enfants : comment construire quatre triangles équilatéraux avec six allumettes ? Ils ne trouvent généralement pas la réponse. Parce qu'il n'y a pas de réponse ! Pas de réponse dans le plan… Mais il y a une réponse dans l'espace : le tétraèdre, la pyramide. Il faut « inventer » une dimension supplémentaire par rapport à ce que le raisonnement de base pouvait laisser entendre. C'est un peu ce qu'il advient en théorie des cordes : l'édifice devient cohérent à la condition expresse de supposer l'existence de dimensions supplémentaires. Mais celles-ci échappent à l'expérience. Il faut donc les « recroqueviller » sur elles-mêmes pour les cacher et les rendre inaccessibles. C'est-à-dire opérer ce que les physiciens nomment une « compactification ». Les espaces mathématiques résultants sont les variétés de Calabi-Yau, nommées en référence à leurs découvreurs. Il en existe un très grand nombre ! Leurs topologies peuvent être extrêmement variées et chacune conduit à des lois physiques différentes. Les paramètres qui déterminent la forme de ces espaces se nomment des « modules ». Et ce sont des champs scalaires… Le même type de champs que ceux qui pouvaient jouer un rôle essentiel pour l'inflation. De plus, ils sont ici plusieurs centaines. Il s'ensuit donc un incroyable paysage de lois qui joue un rôle crucial dans ce multivers particulièrement foisonnant.

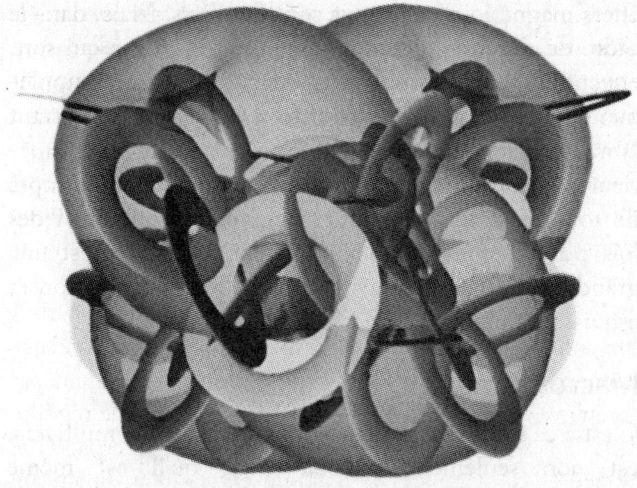

Figure 7.2. Une variété de Calabi-Yau. Il s'agit d'une structure mathématique essentielle en théorie des cordes parce qu'elle préserve une partie des symétries essentielles de celle-ci (la supersymétrie) lors du processus de compactification permettant de passer des 10 dimensions originelles aux 4 dimensions usuelles.

La théorie des cordes avait été construite pour devenir la théorie unique et ultime. La diversité apparente de notre monde devait s'y réduire ou s'y épuiser. S'y abîmer ou s'y condenser, au moins. La théorie des cordes devait réunir les possibles sous un maître concept. Elle devait unifier comme cela n'avait encore jamais été possible. Réduire et restreindre. Pourtant, tout à l'inverse, elle devient en fait le cadre d'une multiplicité sans précédent !

Pour bien cerner la vertigineuse richesse et complexité du *paysage* de la théorie des cordes, ou de sa génitrice, la Théorie-M qui *stricto sensu* serait d'ailleurs plutôt une théorie des membranes, manque un dernier élément : les flux. Ces flux quantifiés sont des généralisations des effets magnétiques qui nous sont familiers. Mais, dans le cadre des espaces compactifiés – ceux-là même qui sont engendrés par l'enroulement des dimensions supplémentaires – ils acquièrent un tout autre sens en portant la multiplicité des configurations à des valeurs bien supérieures encore ! On peut ainsi estimer, en tenant compte de tous ces effets, que leur nombre, et donc celui des lois physiques associées, est d'environ 10^{500}. C'est une grandeur qui dépasse nos capacités de représentation et esquisse un paysage immensément enchevêtré.

Macrocosme

C'est à ce stade que le lien avec l'inflation, et le multivers, est non seulement possible mais qu'il est même indispensable.

L'ensemble des modules de la théorie des cordes dessine une sorte de topologie du territoire. Intuitivement, tout se passe comme si à l'altitude du relief, des montagnes aux plus infimes taupinières, correspondait une certaine valeur de l'énergie associée à ces différentes positions. À chaque lieu correspondrait donc une valeur énergétique. Naturellement, l'état d'énergie la plus basse est le plus stable, mais il n'est pas forcément aisé de l'atteindre ! Imaginons une petite bille jetée d'un avion au-dessus du désert du Sahara. Va-t-elle venir s'immobiliser au creux de la dune la moins élevée de tout le paysage, correspondant à l'énergie la plus faible ? C'est hautement improbable. Elle se figera plutôt dans un minimum *local*. Un minimum, certes, car elle ne préférera sans doute pas demeurer au sommet de l'une de ces gracieuses vaguelettes de sable mais plutôt dans une des vallées ou rigoles qui les sépare. Mais il ne s'agira, en général, pas du lieu le moins élevé de l'ensemble du désert. Or, la valeur de l'énergie influe sur la dynamique de la zone d'espace associée : le lien entre l'évolution cosmologique et la configuration microscopique est très fort. Cette dernière va non seulement déterminer la forme et la nature de la physique localement à l'œuvre mais aussi le devenir de la « bulle » considérée.

Dans le cadre de la théorie des cordes, seules certaines configurations très particulières, dites « supersymétriques », conduisent à une situation où l'espace ne grandit pas et cesse de se reproduire. Ce sont les impasses du multivers. Les lieux à altitude réellement nulle dans l'image précédente. Dans l'immense majorité des cas, se met en place, quand il est tenu compte de l'agitation quantique qui rend toutes les barrières potentiellement franchissables, un processus de nucléation démesuré. La théorie des cordes engendre une diversité faramineuse dans l'arborescence inflationnaire. Dans certains cas, même le nombre de dimensions d'espace et de temps peut varier ! L'inflation produit donc les bulles d'espace, la théorie des cordes en façonne les contenus possibles.

Ici, « contenu » est à considérer en un sens extrêmement large puisque les lois effectives changent également. L'idée même de particules élémentaires se fait variable. D'une zone à l'autre du multivers, il devient nécessaire de redéfinir le concept d'élémentarité et les critères de sélection des lois considérées comme fondamentales. Il s'agirait d'une déconstruction majeure de certaines de nos certitudes et de la définition même de ce qui constitue une nécessité scientifique.

Une image similaire peut même émerger indépendamment de la théorie des cordes dès lors qu'il existe de nombreux champs scalaires. Le multivers arborescent apparaît alors presque inévitablement comme structuré en domaines exponentiellement grands et présentant des lois physiques différentes aux basses énergies usuelles. Et cela doit advenir, à cause des effets quantiques, même si tout l'univers-multivers était initialement dans un unique état bien déterminé.

Il est indispensable de bien cerner la radicalité de cette proposition. Déjà, quand les phénomènes et processus varient d'une zone à l'autre du multivers, une très grande disparité de circonstances émerge inévitablement. Les différents univers peuvent présenter des visages extrêmement dissemblables. Doivent exister, par exemple, des univers vides, d'autres extraordinairement denses, certains sans lumière, d'autre emplis de matière exotique. Certains sont mornes et uniformes, d'autres zébrés de bigarrures enivrantes. Mais la diversité ici en question, celle de la théorie des cordes conjuguée à l'inflation, est d'un tout autre ordre encore : les lois elles-mêmes, c'est-à-dire les régulateurs, peuvent différer ! Les possibilités et éventualités consécutives dépassent ce que l'imagination la plus débridée peut esquisser. Ailleurs, la gravité est répulsive, l'espace a sept dimensions, les forces « fondamentales » sont au nombre de seize… Personne ne peut dessiner l'architecture insondable de ce méta-monde. C'est à la fois sa force et sa faiblesse.

Une violence ?

Ce cadre de pensée est incontestablement très spéculatif. L'inflation est aujourd'hui une proposition fiable suffisamment bien étayée pour qu'on puisse la considérer comme raisonnablement crédible. Il n'en va pas de même de la théorie des cordes. Son statut demeure extrêmement incertain et les corroborations expérimentales se font attendre. Mais la conjonction de ces deux modèles conduit à une ossature de mondes si exceptionnelle qu'elle mérite d'être explorée.

Cette proposition fait incontestablement violence à l'acception usuelle et traditionnelle de ce qui constitue le cœur de la physique. Ces bulles de monde structurées par des lois différentes constitueraient une révolution abyssale. Mais n'est-ce pas finalement le rôle même de la recherche, en particulier, et de la pensée, en général, que de faire violence à ce qui constitue l'ordre établi ? Quitte, naturellement, à emprunter parfois des voies erronées et à rebrousser chemin… Dans notre monde aseptisé, la condamnation inconditionnelle de la violence semble aller de soi. Mais où est la violence ? C'est une question trop souvent éludée.

La violence est-elle dans la tentative de réélaborer le monde ou dans l'interdit réactionnaire ? La violence est-elle dans les débordements qui accompagnent un piquet de grève ou dans le diktat de rentabilité imposé par les fonds de pension détenteurs ? La violence est-elle du côté du militant de la cause animale, souvent virulent dans son exhibition des faits, ou de celui du bon et sage croyant qui dévore l'agneau exterminé, loin de son regard, dans les pires conditions ? La violence est-elle dans les mots enflammés de celui qui dénonce ou dans la condescendance polie et précieuse de celui qui refuse d'envisager un possible qui lui serait moins favorable ? La violence est-elle dans le fait de violer la loi en traversant une frontière interdite ou dans l'existence même de cette loi qui éradique les porosités et condamne certains à la misère quand d'autres jouissent de l'opulence ? La violence est-elle le fait de l'activiste de l'écologie ou du respectable conducteur de véhicule tout terrain ? La violence est-elle dans les manifestations musclées des opprimés ou dans la surdité polie des dirigeants et nantis ? La violence est-elle dans la résistance syndicale ou dans les licenciements imposés par des actionnaires invisibles et omnipotents ?

Peut-être la seule véritable violence, ou au moins la plus insidieuse et ravageuse, au niveau logique comme éthique, au niveau praxique comme esthétique, est-elle celle qui consiste à considérer comme *donné* ce qui est *construit*, c'est-à-dire à penser comme nécessaire ce qui est contingent. Si le multivers est une violence, c'est une violence de libération et d'exaltation. Presque de jubilation. Peut-être faudra-t-il en revenir à une posture plus timide et plus « raisonnable ». Mais ce chemin doit être envisagé.

8

EST-CE ENCORE DE LA SCIENCE ?

« Le mot antinomie s'imposerait jusqu'à un certain point puisqu'il s'agissait bien, dans l'ordre de la loi (nomos), de contradictions ou d'antagonismes entre des lois également impératives. »

Jacques Derrida, *Apories*

Faire des prédictions dans le multivers

Ces univers multiples, quels qu'ils soient, quoi que puissent être leurs élégances ou leurs inévidences, leur splendeur ou leur hideur, demeurent absolument inaccessibles. Il est impossible de s'y rendre pour une raison simple : si le voyage était, ne serait-ce qu'en principe, envisageable ils feraient alors partie de notre propre Univers ! Il est, *par définition*, impossible de voir un autre univers et plus encore de l'explorer. Ni colonialisme ni risque d'invasion entre les univers. Mais alors, disserter sur ces univers est-il encore une démarche scientifique ? Peut-on sérieusement discuter de ce qu'on ne saurait observer ? Est-ce même une interrogation digne d'intérêt ou pourvue de légitimité ?

Naturellement, la question de la « scientificité » d'une démarche requiert une définition de ce qu'est la science. Et il est facile de se convaincre qu'aucune définition simple n'est possible. Ni même souhaitable. La science est infiniment ramifiée et hybridée par ses multiples modes d'être et ses frictions avec les autres postures créatrices ou observatrices. La science est une pratique dynamique et toujours en porte-à-faux par rapport à ses propres principes. Supposons pourtant que la méthode scientifique soit définie de la manière suggérée par le critère de réfutabilité du philosophe Karl Popper. Selon celui-ci, une démarche est scientifique s'il est possible de la mettre en défaut, s'il est envisageable de montrer qu'elle est *fausse*. En effet, il est impossible de prouver que les lois de la physique quantique, ou de tout autre modèle, sont justes puisque rien n'interdit de craindre que certains phénomènes non encore observés ne les suivent pas. En revanche, trouver une seule expérience les mettant en défaut suffit à faire s'effondrer l'édifice. La théorie quantique est donc clairement réfutable. Il s'agit bien d'une proposition de nature scientifique au sens de Popper. En fait, il serait aisé de montrer que ce critère est bien trop rigide et bien trop caricatural pour cerner la complexité de la démarche scientifique. Mais considérons-le, en première approximation, comme pertinent et tentons de comprendre si, oui ou non, le multivers est scientifique en ce sens précis.

La réponse est, à mon sens, positive. Et cela pour une raison fort simple : le multivers n'est pas, en lui-même, un modèle. Il est, au contraire, une des *conséquences* de certains modèles. En l'occurrence, les modèles sont la relativité générale, la physique quantique, la théorie des cordes... Ces théories peuvent bel et bien être mises à l'épreuve de l'expérience dans notre univers. Elles peuvent être testées et potentiellement réfutées grâce à des observations menées ici et maintenant. Si ces expériences locales, menées de la façon la plus habituelle, venaient à invalider un modèle, toutes les conséquences de celui-ci, y compris l'éventuel lot d'univers multiples, s'écrouleraient avec lui. Au contraire, si l'expérience venait à suffisamment conforter le modèle pour qu'il devienne fiable et soit communément utilisé, il serait incohérent de lui dénier la conséquence « univers multiples » si celle-ci en découle naturellement !

Le multivers est donc une conséquence, parmi beaucoup d'autres, de certaines théories. Il n'est *pas,* en lui-même, une théorie. C'est le point clef. Or, ces théories dont il résulte sont en principe falsifiables. Elles sont donc scientifiques. Le multivers, en tant que prédiction de ces constructions scientifiques fait donc bien partie d'un cadre scientifique au sens le plus habituel du terme. Il n'est pas une hypothèse délirante ou un vœu infondé. Il n'est pas l'expression d'une aspiration refoulée. Il émerge logiquement et rigoureusement à partir de propositions physiques tout à fait usuelles et conformes aux standards. Cette prédiction particulière, l'existence d'autres univers, n'est certes pas vérifiable. Mais il n'a jamais été nécessaire de vérifier toutes les prédictions d'une théorie pour qu'elle soit scientifique ! Heureusement, sans quoi aucune ne le serait. La relativité générale par exemple, archétype de modèle scientifique réussi, prédit la structure interne des trous noirs. Il est impossible de la vérifier. Et pourtant tous les jours des articles scientifiques sérieux et ne suscitant aucune résistance particulière sont publiés sur ce sujet. La description du cœur des trous noirs est un problème scientifique dont personne ne doute de la pertinence. Dès lors qu'une théorie est acceptée, même provisoirement, il est raisonnable – et parfaitement fructueux – de l'utiliser là où nous ne disposons pas d'observation. C'est même souvent en cela qu'elle est le plus utile. De ce point de vue, le multivers, conséquence de certaines théories *testables*, ne présente aucune spécificité notoire dans le dédale des énoncés scientifiques. Il est révolutionnaire dans ce qu'il est mais pas dans ce sur quoi il se fonde. Il est subversif dans l'énoncé mais pas dans la grammaire. Peut-être étrange dans la syntaxe mais pas dans la sémantique.

Le principe anthropique

Mais il est possible d'aller plus loin. En effet, rien n'interdit de mener des *prédictions* dans un paradigme « multiversel ». Imaginons qu'un modèle prédise l'existence d'un million d'univers et que, suivant cette approche, dans tous ces univers les atomes aient une masse de 12 kg chacun. Par la simple observation de notre unique univers, où tel n'est manifestement pas le cas, l'ensemble de la construction est invalidé (et donc, en particulier, l'existence de ces autres mondes invisibles qui était une de ses conséquences). Notre univers n'est qu'un échantillon de cet ensemble. Mais un seul échantillon contient déjà de l'information et permet de tester l'hypothèse qui prédit l'ensemble.

Pour mettre à l'épreuve le modèle standard de la physique des particules avec une grande précision, il a fallu procéder, dans les accélérateurs de particules, tels le LHC du CERN, à un nombre incalculable de collisions. C'est au prix de cette gigantesque profusion statistique que le boson de Higgs, par exemple, a été découvert. Aurions-nous pu en dire autant à partir d'une *unique* collision, à l'instar de l'*unique* univers du multivers que nous observons ? Évidemment pas. Un unique échantillon contient moins d'informations qu'un large lot d'échantillons. C'est incontestable. Mais il ne contient pas non plus *aucune* information. Il contient seulement une information moindre. Beaucoup de théories farfelues concernant la physique des particules élémentaires pourraient être exclues à partir d'une unique collision. Il y a un saut quantitatif entre l'observation de milliards de collisions et l'observation d'une unique collision. Mais il n'y a pas de rupture qualitative ou épistémologique dans la nature de la démarche. De même, observer un unique univers pour un modèle qui en prédit un grand nombre, voire une infinité, conduit nécessairement à une vision lacunaire. Mais toute vision l'est obligatoirement. Il y a donc un déficit d'information mais pas de spécificité radicale par rapport à n'importe quelle situation usuelle en science : seule une partie dérisoire de l'ensemble des prédictions est accessible.

La capacité de test ne s'interrompt pas à ces exemples caricaturaux. Imaginons que l'architecture du paysage des lois, par exemple dans le cadre de la théorie des cordes, puisse être bien connue et comprise. Nous en sommes loin aujourd'hui, mais ce n'est pas, en principe, impossible. Dans ce cas, il serait envisageable de tester « statistiquement » le modèle. S'il en découlait que dans 99,99 % des univers il n'y avait pas de planètes, la simple observation de planètes dans notre univers, celui-ci étant *a priori* moyen ou standard dans l'ensemble des univers, défavoriserait très fortement le modèle ! C'est exactement comme si une théorie énonçait que dans un jeu de 10 000 cartes, il n'y avait qu'un seul as et qu'en tirant une carte au hasard nous tombions justement sur un as ! Il y aurait fort à parier que la théorie serait fausse et qu'en réalité le jeu en contient bien davantage que ce qu'elle énonce… Il est donc possible de mettre le modèle à l'épreuve en termes probabilistes. Ce qui là aussi n'est pas nouveau : toute mesure physique, même la plus simple et hors du contexte de la cosmologie, ne peut être comparée à un modèle qu'en incluant des fluctuations statistiques (quantiques ou classiques) qui exigent que la confirmation ou l'infirmation soit exprimée du point de vue d'une probabilité.

Mais une petite complication intervient. Il se pourrait en effet que notre univers ne soit pas un univers « moyen » dans l'architecture du multivers mais qu'il soit assez spécifique. C'est très exactement ce dont le principe anthropique tente de tenir compte. Il faut être extrêmement clair sur ce point car ce principe – qui n'en est d'ailleurs pas un mais constitue plutôt une mise en garde – a été très mal compris par beaucoup de physiciens réagissant de manière épidermique à son nom (effectivement mal choisi). Il n'est pas un instant question, par le recours au principe anthropique, de justifier quoi que ce soit à partir de l'existence de l'Homme, de la vie ou de Dieu, comme certains le crurent ! Moins encore de faire péché d'arrogance ou de revenir aux vieux démons du géo-ego-anthropo-centrisme pré-copernicien. Tout à l'inverse, il s'agit de poursuivre sur la voie d'une humilité prudente. Au moment précis où vous lisez ce livre, votre environnement direct est peut-être une bibliothèque, un wagon de train ou le fond d'un amphithéâtre d'université (dans lequel un enseignant acariâtre professe un cours un peu pénible et vous incite donc à ce petit voyage dans le Multivers !). Dans tous les cas, il est clair que cet environnement, même s'il est plus exotique que ces quelques exemples, n'est pas du tout l'état « moyen » de l'Univers. Vous êtes, nous sommes tous, dans un environnement très particulier : sur une planète tellurique, à une température proche de 20 degrés Celsius, dans une atmosphère d'azote et d'oxygène, à une pression de 1 atmosphère, etc. Ce qui n'a rien à voir avec l'« état » le plus usuel dans notre univers, qui serait plutôt constitué de vide glacé avec quelques protons par mètre cube ! De la même manière, il est possible que notre univers ne représente pas la moyenne du multivers. C'est ce que souligne le « principe anthropique ». Il n'est en aucun cas une *explication*, il ne prétend rien justifier, il est un simple rappel à la rigueur opératoire. Il profère juste : « attention, il n'est pas assuré que ce que nous voyons juste autour de nous soit nécessairement représentatif de l'ensemble global ». Et ce rappel élémentaire s'avère essentiel dans les prédictions.

Les êtres vivants sont des structures complexes. En tant que telles, ils ne peuvent se trouver que dans des univers où la complexité est favorisée. Le principe anthropique invite seulement à en tenir compte dans le test du modèle. Il ne stipule certainement pas que quoi que ce soit ait évolué de façon finaliste pour permettre l'existence de ces structures complexes. Pour reprendre l'exemple précédent, si l'on tirait un univers au sort, il serait étonnant que nous choisissions justement le seul à compter en son sein des planètes ! Mais si nous nous posons cette même question depuis l'intérieur d'un univers, en tant qu'animaux habitant sur une planète, nous opérons nécessairement un *biais de sélection* : nous ne pouvons observer que depuis une telle planète. Notre univers n'est plus aléatoire dans la distribution. Non pas parce qu'il serait « choisi » ou « élu », naturellement. Mais simplement parce que le fait d'être un objet complexe largement fondé sur la chimie du carbone opère une sélection d'un sous-ensemble d'univers compatibles avec cette complexité. Il est indispensable de le prendre en compte mais, là encore, ce type de précautions doit aussi être considéré lors de l'évaluation de modèles hors du contexte des multivers, il n'est pas spécifiquement attaché à ce cadre particulier d'investigation.

Certains fondamentalistes religieux, en particulier aux États-Unis, nient la magnifique et très fiable théorie de l'Évolution darwinienne pour conférer à l'Homme – dans un geste d'une violence inouïe et d'une arrogance pathétique – le rang d'une finalité divine. Les mêmes ont également inventé le *dessein intelligent*, à savoir l'idée que l'univers fut entièrement créé pour l'Homme. Cette posture est parfois rapprochée du principe anthropique. En réalité elle en est l'exact opposé ! Le principe anthropique est un rappel à la rigueur scientifique qui précise que ce qui nous entoure n'est pas nécessairement à l'image de tout ce qui existe. Il invite à penser l'altérité et l'invisible. Il n'a *strictement rien* de théologique ou téléologique.

Le principe anthropique

Dans le cadre cosmologique, le principe anthropique a été mis en avant par le grand physicien Brandon Carter, qui a longtemps travaillé à l'observatoire de Meudon. Il le considère comme une manière de prendre en compte le fait que lorsque des conclusions générales sont tirées à partir d'un échantillon particulier, il faut faire attention au fait que celui-ci peut être biaisé. Le principe anthropique est une position médiane entre deux extrêmes : d'une part le principe autocentrique et d'autre part le principe d'ubiquité. Le premier, attaché à la vision pré-copernicienne stipule que la Terre est au centre de l'univers et que nous occupons une place extrêmement privilégiée (auquel cas rien ne peut être dit sur ce qu'on ne voit pas). Le second, au contraire, suppose que tous les points de l'Univers sont exactement identiques (auquel cas connaître le monde ici suffit à tout connaître). Le principe anthropique cherche à décrire plus adéquatement la réalité, laquelle se trouve sans aucun doute entre ces positions radicales.

En pondérant les différentes potentialités du paysage par un « poids » anthropique qui tient compte de la possibilité de l'existence de consciences s'interrogeant sur le multivers au point considéré, il est donc *a priori* possible de tester le modèle – statistiquement comme c'est toujours le cas en physique – à partir de l'observation de notre propre univers. Tous les éléments théoriquement nécessaires sont en place. Reste que d'un point de vue pratique, nous sommes évidemment très loin de pouvoir mettre actuellement en œuvre une telle démarche ! Mais la limite est essentiellement liée à notre connaissance du paysage et à notre définition de la conscience, elle n'est pas indépassable en principe.

Pourquoi les lois sont-elles si favorables à la vie ?

Le fait est que les lois de la physique semblent être particulièrement adaptées à l'existence de la vie, ou plus généralement de la complexité. Si l'un quelconque des paramètres fondamentaux de nos modèles adoptait une autre valeur, il est probable que notre univers serait morne et triste, uniforme et pauvre. Pourquoi la Nature a-t-elle choisi ces valeurs improbables, presque impossibles, permettant l'émergence d'un monde protéiforme et polychrome, d'un monde favorable à la vie ?

Il y a essentiellement quatre explications envisageables.

La première est que nous ayons bénéficié d'une incroyable chance. Dans cet espace infini de solutions possibles, le « coup de dé » initial aurait sélectionné cette zone infiniment petite permettant l'émergence d'un monde délicat et opulent. C'est mathématiquement possible. Mais, naturellement, peu convaincant. Pourquoi le hasard aurait-il fait émerger cette éventualité très spécifique de mesure nulle ?

La seconde serait celle du dessein intelligent : que Dieu ait tout organisé pour que nous puissions exister. Ce n'est pas non plus impossible. Mais ce n'est ni une solution scientifique ni, à mon sens, une posture éthiquement tenable ou esthétiquement attrayante : elle fige le savoir en l'attachant à l'unique exégèse d'un texte supposé sacré. Elle est une logique de la révélation et non de l'investigation-création : elle ne permet plus de se placer en position d'être surpris.

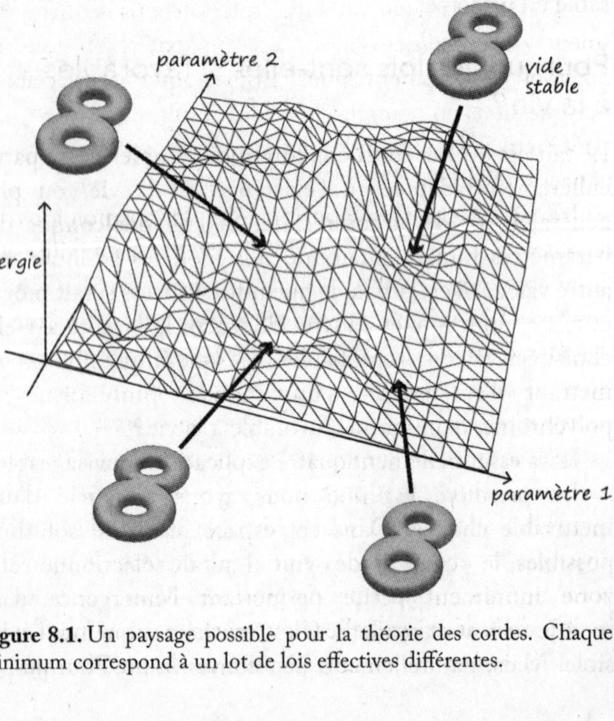

Figure 8.1. Un paysage possible pour la théorie des cordes. Chaque minimum correspond à un lot de lois effectives différentes.

La troisième invoque la formidable capacité d'adaptation de la vie. Elle consiste à supposer que si les lois avaient été autres, la complexité y aurait de toute façon trouvé son chemin. C'est une proposition séduisante qui mérite d'être considérée très sérieusement. Mais qui n'est pas à ce stade corroborée par les observations. La complexité est manifestement fragile : elle ne se déploie, semble-t-il, ni dans le cœur des étoiles ni dans les lieux les plus hostiles.

La dernière possibilité est précisément celle du multivers ! S'il existe un très grand nombre – voire une infinité – d'univers avec des lois différentes, il devient « naturel », et même attendu, que certains d'entre eux soient « compatibles » avec la complexité. Et nous ne pouvons évidemment nous trouver que dans ceux-ci puisque nous en sommes l'une des résultantes. C'est certainement l'explication la plus simple et la plus économe conceptuellement.

Imaginons ce que pourrait être la cosmologie des termites. Ces insectes extraordinaires à la civilisation fascinante pourraient se demander pendant des siècles pourquoi l'univers n'est composé que de bois. Et même en découvrant toutes les théories physiques, éventuellement bien au-delà de notre compréhension d'humains, elles ne trouveraient aucune bonne réponse à cette question. Jusqu'à ce qu'elles comprennent qu'en réalité leur environnement immédiat, l'ensemble de ce qui fait monde pour elles, n'est qu'un sous-ensemble infime de la réelle diversité des étants. Elles ne peuvent explorer le fond des océans ou les profondeurs du Cosmos. Mais, connaissant les lois de la physique, elles pourraient en imaginer l'existence. Sommes-nous aujourd'hui dans la position de ces termites qui découvrent des possibles jusqu'alors insoupçonnés ? C'est le pari du multivers.

Il existe beaucoup de « modèles » de multivers qui peuvent être appréhendés de différentes manières quant à leur mise à l'épreuve expérimentale. Récemment, les données du satellite Planck ont fait apparaître quelques anomalies par rapport aux prédictions du modèle standard de la cosmologie. En particulier, il semble exister une asymétrie dans les fluctuations de températures entre deux hémisphères célestes. Certains articles publiés y voient l'indication claire de l'effet d'un autre univers sur le nôtre. Bien que cette prédiction ait été faite avant la mesure, ce qui est assez remarquable, il ne faut pas lui donner trop de crédit : l'effet observé est statistiquement peu significatif et, quand bien même il serait réel, il est probable qu'une explication moins exotique soit trouvée. Mais, doucement, des idées pour tester ou observer le multivers apparaissent dans les études physiques. S'il induit une forme de porosité épistémique avec d'autres modes de pensée, il n'est évidemment pas dissocié de la pratique scientifique au sens le plus consensuel du terme.

Le multivers ne s'extrait donc pas du champ de la physique. Mais quand bien même il inviterait – ce qui n'est selon moi pas le cas – à en redessiner les linéaments, faudrait-il nécessairement s'en offusquer ? Ni *L'homme qui marche* de Rodin, ni les abstractions de Kandinsky, ni *Fountain* de Duchamp, ni l'« accord Tristan » de Wagner n'auraient été considérés comme de l'art par un esthéticien du XVIIIe siècle. Tous les champs disciplinaires se transforment de l'intérieur. Il y aurait quelque chose d'étonnant à dénier ce même droit à la science, qui est une pensée dynamique par définition ! Science qui a, heureusement, déjà maintes fois revu sa propre essence…

Retour sur l'inflation

Le multivers n'est donc pas qu'une idée séduisante ou effrayante permettant d'imaginer des mondes sidérants. Il a un rôle opératoire concret dans l'évaluation d'un scénario. Une controverse oppose aujourd'hui certains cosmologistes quant à la « naturalité » de l'inflation. Et le cœur de cette controverse, qui pose la question de la viabilité d'un modèle décrivant *notre* univers, a trait aux conséquences de celui-ci quant au multivers.

Paul Steinhard, physicien de Princeton, et Abraham Loeb, de Harvard, montrent par exemple qu'il est moins aisé de déclarer l'inflation tout à fait satisfaisante si on l'évalue dans le cadre du multivers qu'elle prédit elle-même ! Ce multivers n'est pas ajouté pour des raisons idéologiques ou esthétiques : il est une partie des conséquences du modèle. Or, dans ce cadre, mettre l'inflation à l'épreuve de ses propres prédictions devient intéressant et délicat…

La première difficulté vient du problème de la mesure. Il est malaisé de définir une mesure dans le multivers alors même que c'est indispensable quand l'enjeu consiste à évaluer la probabilité d'occurrence de ce qui est observé. De nombreuses tentatives de mesures sont aujourd'hui étudiées. Mais, suivant les plus simples d'entre elles, par exemple en pondérant par le volume des bulles, l'inflation semble relativement auto-contradictoire au sens où les conditions qui la produisent avec une probabilité élevée sont justement celles qui sont défavorisées par notre univers.

La seconde difficulté tient au « potentiel » du champ qui génère l'inflation. Le potentiel est, rappelons-le, essentiellement la forme du relief sur lequel il évolue. Or les données du satellite Planck pointent en direction de certains potentiels. Alors que jusqu'à maintenant la zoologie des formes de potentiels était extrêmement riche (témoignant de notre inconnaissance), la situation a beaucoup changé grâce aux mesures récentes. Seules certaines sont acceptables car compatibles avec les observations. C'est un succès magnifique : nous commençons à connaître la physique détaillée qui régit ce champ et donc ce qui advint dans les temps les plus reculés ! Mais, dans le cadre du multivers, les choses se corsent… En effet, le potentiel favorisé par les mesures est auto-défavorisé par la logique propre du multivers inflationnaire ! Pour la forme qui est en adéquation avec les cartes de Planck, il devrait y avoir exponentiellement plus de bulles émanant d'une zone du potentiel qui n'est pas celle où doit effectivement se trouver le champ. Il s'ensuit que la cohérence même du modèle est mise à mal quand il est tenu compte du multivers.

Il est probable que des échappatoires soient trouvées face à ces apories. Andrei Linde a déjà apporté des éléments de réponse convaincants. Mais le fait est que penser dans le cadre du multivers est une *nécessité* pour mener ici des tests fiables dans *notre* univers. La posture scientifique rigoureuse exige de tenir compte de l'ensemble des prédictions, y compris de celle d'autres mondes. Celles-ci influent sur nos conclusions, même en ce qui concerne la physique locale.

Le multivers mathématique

La question du multivers semble également – de façon peut-être inattendue – se poser en mathématiques. Considérons un exemple très simple. Un sujet de débat extrêmement important a trait à l'hypothèse du continu.

Elle fut considérée par Georg Cantor, mathématicien allemand, comme l'une des interrogations non résolues les plus importantes de toutes les mathématiques. Grossièrement, elle pourrait se résumer ainsi : existe-t-il un infini « intermédiaire » entre celui des nombres entiers, qui est un « petit infini », et celui des nombres réels, qui est un « grand infini » ?

Il a été démontré que dans le cadre de l'axiomatique consensuelle des mathématiques (que l'on nomme « ZFC »), cette hypothèse est indécidable. On peut la choisir vraie ou fausse. Autrement dit, il est possible de construire une mathématique cohérente avec ZFC et un infini intermédiaire et une mathématique cohérente avec ZFC et pas d'infini intermédiaire. Au cœur du cœur de la pensée la plus formelle, la possibilité d'un pullulement mondain semble donc s'immiscer. Les mathématiques elles-mêmes ne sont pas épargnées et le choix à opérer entre autoriser le foisonnement des univers ou compléter l'axiomatique pour rendre la proposition décidable n'est pas évident. Peut-être relève-t-il finalement avant tout d'un choix esthétique.

9

Gravitation quantique et multivers temporel

« Le Simulacre serait, paraît-il, le nom du cours d'eau où Narcisse s'aime Narcisse. Ô candeur leurrée et beurrée de Genet se mirant en Panthère noire. »

Hélène Cixous, *Entretien de la blessure*

Quantifier la gravitation

Toute notre physique repose sur deux théories. Deux théories magnifiques et immensément étranges : la relativité générale et la mécanique quantique. La première a fondamentalement transfiguré notre compréhension du « contenant » (l'espace et le temps), la seconde a profondément infléchi notre perception du « contenu » (la matière et les interactions). Jusqu'à ce que la frontière entre l'un et l'autre s'efface ou s'estompe : Einstein montre que l'espace-temps devient un champ comme les autres. Mais s'il est réellement un champ – c'est-à-dire un objet physique – « comme les autres », il doit alors être quantique : tous les champs connus sont quantiques. Tous obéissent aux prescriptions de cette physique du discontinu et de l'aléatoire. Pourtant, quantifier le champ d'espace-temps pose des difficultés monumentales.

Il suffit, pour s'en convaincre, de penser par exemple au statut du Temps. Il est continu et externe en mécanique quantique. Radicalement différent de l'Espace : tandis qu'à la position spatiale est associé un opérateur (un objet mathématique qui transforme ce sur quoi il agit), le Temps demeure tout à fait classique et inaltéré en physique quantique. Au contraire, la relativité lie l'Espace et le Temps si fortement que leur distinction y est tout à fait arbitraire. Ce n'est qu'une des multiples contrariétés qui grèvent les tentatives d'élaboration d'une théorie quantique de la gravitation. D'autres sont de natures plus techniques, liées par exemple à l'apparente impossibilité de « renormaliser » la gravitation, c'est-à-dire à la nécessité apparente de mener une infinité de mesures pour fixer la valeur des paramètres qui la décrivent.

La difficulté de concilier mécanique quantique et gravitation est telle – le problème est ouvert depuis près d'un siècle – qu'il pouvait devenir tentant de s'interroger sur le bien fondé d'un tel *requisit*. Après tout, ne se pourrait-il pas que le champ gravitationnel soit un phénomène « émergent », qu'il ne constitue pas une force fondamentale, et qu'il ne soit par conséquent pas nécessaire de le quantifier ? C'est une question qui mérite d'être posée et une piste qui doit être explorée. Il est néanmoins peu probable qu'elle soit fructueuse.

Beaucoup de projets concernant le rayonnement cosmologique fossile vont maintenant se focaliser sur une propriété spécifique de celui-ci : la polarisation B. Il s'agit d'un mode de vibration particulier de la lumière qui révèle l'empreinte des ondes gravitationnelles primordiales, vibration ténue de la géométrie de l'Univers dans ses premiers âges.

Celles-ci, nous l'évoquions, sont remarquables parce qu'elles viendraient, si leur détection était avérée, conforter plus encore le modèle inflationnaire (qui n'est en aucun cas principalement fondé sur cette hypothétique mesure). Mais elles seraient aussi exceptionnellement importantes en cela qu'elles constitueraient sans doute *le premier effet de gravitation quantique expérimentalement mesuré* dans toute l'histoire de la physique ! Sauf à supposer des modèles extrêmement complexes et artificiels, ces ondes de gravité ne peuvent en effet provenir que d'un effet de gravitation quantique. L'inflation agit comme une magnifique machine à amplifier l'émission spontanée de gravitons et c'est vraisemblablement ce qui serait ici observé, à supposer que les sources astrophysiques puissent être soustraites. Cette mesure ne permettra pas de dire quelle est « la bonne » théorie de gravitation quantique parce qu'elle sonde un régime de champ faible dans lequel toutes les théories sont essentiellement équivalentes. Mais elle permettra de montrer, sous réserve de confirmation, que la gravitation quantique existe et qu'une telle théorie est donc bien nécessaire. Ce qui est déjà une avancée immense !

Il ne faut pas perdre de vue que la situation est encore incertaine. Les mesures menées par BICEP2 en ce sens ont été infructueuses. Les avant-plans sont encore mal connus et les premiers résultats, trop optimistes, ont été infirmés. C'est le jeu usuel de la science : une première mesure audacieuse, des réactions enthousiastes, le temps du doute et de la remise en question, puis la préparation des nouveaux détecteurs qui viendront relancer la quête…

Une mousse de spins

La théorie des cordes est une théorie de gravité quantique. Elle est attrayante mais très lourde en hypothèses. Elle tente de prolonger les leçons de la physique des particules élémentaires. Il existe d'autres approches, plus inspirées des fondements de la relativité générale. Au premier rang de ces dernières, la gravitation quantique à boucles. Elle donne lieu, comme nous allons le voir, à une forme de multivers « temporel ».

Actuellement, la formulation la plus efficace de la gravitation quantique à boucles, dite « covariante », est celle des réseaux des spins. Strictement parlant, il s'agit d'une théorie quantique des champs dans laquelle la symétrie essentielle de la relativité générale est implémentée au cœur. Cette symétrie, l'invariance par difféomorphisme, stipule que les lois ne changent pas quand on procède à des transformations arbitraires des coordonnées. Il est très délicat d'en tenir compte dans un cadre quantique. L'idée générale consiste à se fonder sur ce que nous nommons un « réseau de spins », c'est-à-dire un graphe dont les arêtes et les points d'intersection portent des nombres qui encodent la géométrie de l'espace. Les mousses de spins généralisent ces réseaux en intégrant la totalité de l'espace-temps et non plus le seul espace. L'espace-temps physique réel étant quantique, il est une superposition de ces mousses de spins. L'image est intuitivement complexe mais elle est mathématiquement très cohérente. Elle intègre les grandes leçons de la physique quantique et de la relativité générale sans exiger l'existence de dimensions supplémentaires ou de symétries nouvelles.

La conséquence fondamentale de cette approche consiste à faire émerger un espace granulaire. Comme le montre Carlo Rovelli, l'un des principaux acteurs de cette théorie, la granularité en question ne provient pas d'une « discrétisation » *ad hoc*, ce qui serait de peu d'importance, mais de la quantification elle-même ! La taille caractéristique des structures du maillage de l'espace est extraordinairement petite : elle est de l'ordre de la longueur de Planck, soit 10^{-35} mètre. C'est cent mille milliards de fois plus petit que les plus petites distances que nous permettent de sonder nos accélérateurs de particules. Là réside naturellement toute la problématique des tests expérimentaux.

Il n'est pourtant pas impossible, en principe, de mettre la théorie à l'épreuve. Carlo Rovelli et moi avons proposé l'hypothèse selon laquelle les trous noirs, dont il avait étudié la structure interne avec Francesca Vidotto, puissent émettre une bouffée de rayons gamma qui signerait ces effets de gravitation quantique.

La difficulté vient du fait qu'il faille observer un trou noir de masse assez faible. Un peu comme pour mesurer l'effet d'évaporation découvert par Stephen Hawking. Et l'existence de tels trous noirs n'est pas avérée. Mais si tel était le cas, il serait probable qu'un phénomène d'assez basse énergie garde miraculeusement l'empreinte des effets de gravitation quantique qui sont pourtant attendus à très haute énergie. Nous appelons ces trous noirs des « étoiles de Planck ».

D'autres sondes sont également envisageables. Par exemple, que la structure granulaire de l'espace modifie très légèrement la façon dont les photons se propagent, même dans le vide. C'est exactement analogue à ce qui advient quand un grain de lumière traverse un milieu matériel transparent. À cause de la présence d'atomes dans ce milieu, à cause du réseau cristallin, la manière dont ils le traversent est infléchie. Si l'espace est lui-même un réseau, y compris en l'absence de toute matière, cela doit laisser une empreinte. Mais cet effet est minuscule et un peu douteux car il n'est pas aujourd'hui possible de le dériver de façon rigoureuse.

Toutefois, la meilleure sonde reste certainement la cosmologie.

La cosmologie quantique à boucles et le Big Bounce

Pourquoi une théorie qui ambitionne de décrire remarquablement bien l'infiniment petit aurait-elle quelque chose à dire, quelque chose d'essentiel, sur l'Univers lui-même ? Quel lien entre le Cosmos dans son ensemble et la structure en réseau de spins de l'espace qui se révélerait lors d'une observation avec un hypothétique microscope qui donnerait accès à des tailles de l'ordre de 10^{-35} mètres ? Tout vient de ce que les effets de gravitation quantique se révèlent importants quand la *densité* de l'Univers est très élevée. C'est celle-ci qui détermine l'entrée en jeu de la gravitation quantique et non pas la taille de l'Univers (entendu ici comme la totalité de l'espace et non pas comme notre seul volume de Hubble) qui peut être à tout instant infinie. Or, quand l'histoire de l'Univers est retracée, quand on remonte le temps vers le Big Bang, vient nécessairement un moment où la densité atteint la valeur critique, la densité de Planck (10^{96} kg/m^3).

Aussi étonnant que cela puisse paraître, il est assez facile de mener des prédictions claires pour l'Univers quand la densité atteint ces valeurs. C'est même beaucoup plus simple que de décrire des phénomènes apparemment élémentaires. La raison de ce paradoxe apparent est bien connue : l'Univers est un système très symétrique. Il est essentiellement le même en tout point et dans toutes les directions. Grâce à cette incroyable symétrie, l'Univers est en fait le système le plus simple qu'on puisse imaginer. Ceci, naturellement, parce que la cosmologie ne s'intéresse qu'à sa structure globale et pas aux « détails », aussi délicieux et dérangeants soient-ils. Il est donc possible de mener des prédictions fiables quant à ce qui échoit pour l'Univers dans ses premiers instants, dans le cadre de la gravitation quantique à boucle.

Le résultat est sidérant : le Big Bang disparaît. Et la singularité initiale n'est pas remplacée par quelque chose qui s'en approche mais par… un autre univers ! Un univers en « amont » du nôtre : non pas un monde ailleurs ou parallèle, mais *antérieur*. Le Big Bang n'est plus et c'est un Big Bounce, c'est-à-dire un grand rebond, qui en tient lieu ici. Le temps s'ouvre vers le passé. L'origine s'effondre et, avec elle, les insurmontables difficultés mathématiques qui l'accompagnent. L'axe temporel est, en quelque sorte, re-symétrisé.

Il est possible que le Big Bounce n'ait pas été unique et que de tels rebonds se soient produits un grand nombre de fois, voire une infinité de fois. C'est alors un multivers cyclique qui se dessinerait. L'intervalle de temps qui sépare ces respirations pourrait être immense ou, en principe, très petit : il n'y a pratiquement aucune limite théorique. Les univers se succéderaient sans nécessairement se ressembler. C'est d'ailleurs en cela qu'il est raisonnable de parler de différents univers plutôt que d'un unique univers oscillant (ce qui demeurerait également sensé d'un autre point de vue) : presque toute l'information se perd d'un cycle à l'autre. Chaque passage par un rebond est quasiment une remise à zéro.

Presque toute l'information se perd, certes, mais pas nécessairement la *totalité* de celle-ci. Tenter de mettre en évidence d'infimes traces du rebond, et peut-être même de l'univers qui l'a précédé, est précisément une tâche à laquelle je m'attelle depuis quelques années. L'entreprise n'est pas aisée mais il existe un faisceau d'indices, plus ou moins directs, qui pourraient contribuer à rendre le modèle testable. L'inflation, par exemple, peut avoir des

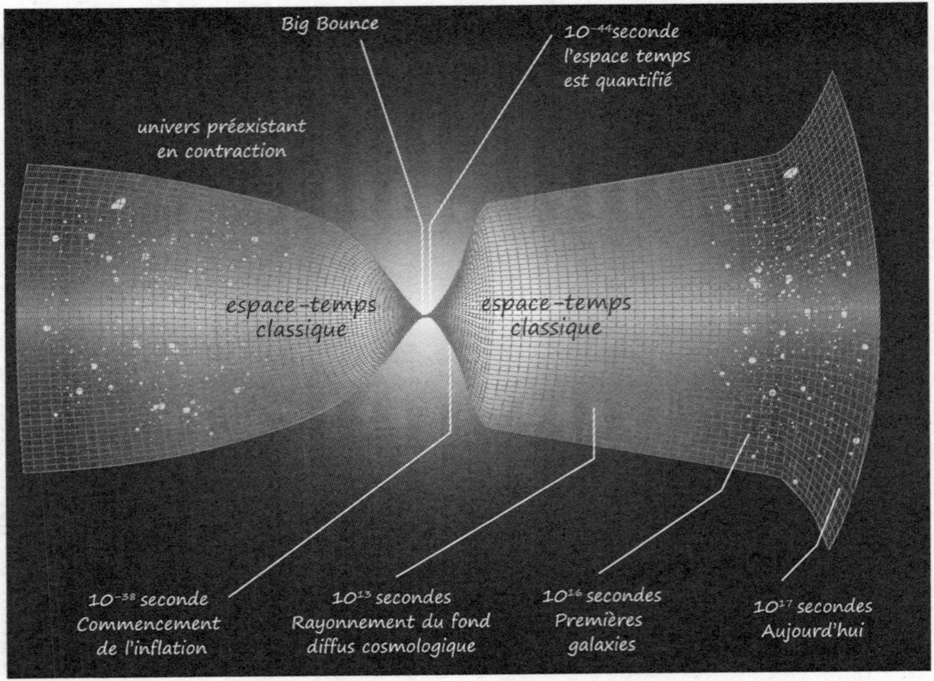

Figure 9.1. Grand rebond (Big Bounce) remplaçant le Big Bang en gravitation quantique à boucles.

durées incroyablement différentes dans le cadre de la cosmologie standard. Plus exactement le facteur de dilatation de l'Univers n'est pas connu : il doit être plus grand que 10^{30} mais il peut être arbitrairement élevé. Ce peut être 10^{100} ou bien $10^{1\,000\,000}$... Au contraire, dans cette approche, le facteur multiplicatif est essentiellement connu et prédit. Et il n'est pas exclu qu'il devienne mesurable. Plus spécifiquement encore, d'infimes traces peuvent subsister dans le rayonnement fossile. La sensibilité du satellite Planck n'est pas encore suffisante pour les déceler mais l'aventure ne s'achève pas ici. Les « modes B » au cœur des enjeux actuels pourront peut-être, dans quelques années, donner lieu eux aussi à un spectre, c'est-à-dire que leur intensité sera mesurée en fonction de leur taille. Et la forme de ce spectre est précisément ce sur quoi le rebond peut avoir laissé une empreinte. Certains phénomènes catastrophiques ayant eu lieu dans l'univers précédent pourraient également y être decelés. L'idée d'un Big Bounce fait son chemin et devient une hypothèse très sérieusement considérée par la communauté des cosmologistes.

Ces effets de rebonds quantiques pourraient également jouer un rôle dans les trous noirs. Lee Smolin, de l'Institut Perimeter au Canada, a proposé que notre Big Bang (apparent) soit en réalité la résultante d'un effondrement en trou noir dans un univers parent. Le trou noir rebondirait suite à des effets de répulsion quantique. Chaque trou noir serait alors un géniteur d'univers. Comme les lois de la physique pourraient un peu varier à chaque engendrement d'univers, il s'ensuivrait une sorte de sélection naturelle cosmologique, conduisant à ce que les lois s'ajustent bientôt pour maximiser la production de trous noirs. En ce sens, ce modèle spécifique est falsifiable et, à mon sens, essentiellement falsifié.

Les ères de Penrose

Il existe d'autres formes de modèles cosmologiques dans lesquels le Big Bang est « réinséré » ou « réintégré » dans une histoire plus large et plus complète. Au premier rang d'entre eux : la cosmologie cyclique conforme de Roger Penrose.

Penrose est un des plus grands physiciens théoriciens vivants et un très éminent spécialiste de la relativité générale. Ses contributions à la compréhension des trous noirs, des singularités, de la structure causale de l'espace-temps et de la cosmologie sont immenses.

Récemment, Penrose a proposé un modèle cyclique fondé sur la notion d'ères. L'idée centrale de cette approche consiste à connecter une séquence d'espaces cosmologiques usuels, dits « de Friedmann-Lemaître-Robertson-Walker ».

Le point clef est lié au fait qu'il est possible de coller de manière régulière le « passé » de l'une des ères au « futur » de la précédente. Plus exactement, cette opération mathématique séduisante requiert d'opérer une transformation spécifique nommée « transformation conforme ». Intuitivement, celle-ci consiste à effectuer un changement d'échelle, c'est-à-dire à multiplier par un nombre positif la fonction métrique qui décrit la géométrie de l'espace-temps. En conséquence de cette opération délicate, et apparemment délictueuse, se dessine une solution originale des équations d'Einstein où chaque big bang associé à une nouvelle ère proviendrait du futur très lointain de l'ère antérieure. Pour que cette transformation conforme soit légitime, il faut qu'elle corresponde à une symétrie physique réelle. Or, notre environnement direct n'est pas invariant sous l'effet d'une telle transformation : changer d'échelle n'est pas une opération anodine, le monde n'est plus le même après cette modification des longueurs ! Mais quand on remonte dans le temps, de plus en plus près du Big Bang, les températures deviennent très élevées et la masse des particules finit par ne plus jouer aucun rôle : l'énergie est alors totalement dominée par le « mouvement ». Et, dans ce cas, le système physique peut effectivement devenir invariant par transformation conforme. Il n'y a plus d'échelle privilégiée et il est signifiant de mettre en œuvre cette transformation mathématique. Le point remarquable tient à ce que la même chose se produit dans le futur : quand l'univers est extrêmement dilué, l'invariance conforme peut également être atteinte. D'où l'idée de « coller » ces deux états (le passé très chaud d'un univers et le futur très froid d'un autre), ce dont Penrose a magistralement montré la cohérence théorique.

Outre son élégance, le modèle de Penrose permet également de faire face à un vieux paradoxe de physique théorique. Suivant la deuxième loi de la thermodynamique, l'une des plus importantes et des plus fondamentales de la science moderne, l'entropie – mesure du désordre – doit croître avec le temps. Ce qui signifie que, si le cours du temps est remonté, elle doit naturellement diminuer. Autrement dit, l'état « initial » de l'Univers doit correspondre à une entropie minuscule et donc à un état incroyablement ordonné, autrement dit très spécifique. C'est ce que permet cette cosmologie cyclique conforme : l'Univers y émerge naturellement dans un état d'entropie très faible. Cela vient de ce que la transformation conforme opérée permet de placer l'Univers dans un état où les degrés de liberté, c'est-à-dire les paramètres fondamentaux du champ gravitationnel, ne sont pas activés au niveau du Big Bang et la très faible entropie résultante contrebalance l'entropie pourtant élevée associée à la matière.

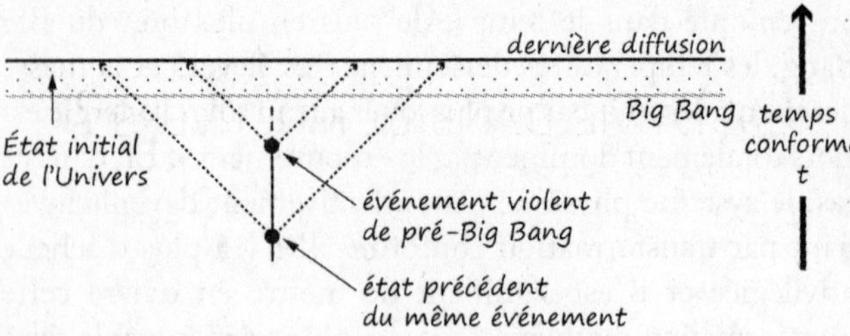

Figure 9.2. Représentation de la manière dont des empreintes de la cosmologie cyclique conforme de Penrose pourraient être décelées. Dans ce schéma, le temps s'écoule vers le haut. Notre Big Bang est la ligne horizontale inférieure. Des événements violents dans la phase précédant le Big Bang peuvent conduire à des « cercles » observables au niveau du fond diffus cosmologique (ligne horizontale supérieure).

Penrose et son étudiant, V. G. Gurzadyan, pensent avoir trouvé des indications observationnelles en faveur de ce modèle : de « grands cercles » dans le fond diffus cosmologique. Ces derniers proviendraient de la coalescence de trous noirs dans l'ère précédente. Cette analyse était sans doute un peu hâtive, voire tout à fait erronée. Mais, une fois encore, elle montre que des traces expérimentales ne sont pas hors de portée. Peut-être faudrait-il évoquer ici un multi-ères plus qu'un multivers !

10

De la vie dans le multivers ?

> *« Ulysse ne ressemble à personne. Il vit dans l'extraordinaire, mais cette "extériorité" reste une extériorité pour notre "ordinaire". Il s'y situe, vient le fendre comme en y ouvrant un devenir, un autre monde dans le monde, une bordure qui témoigne de l'ontologie plus que de l'histoire. »*
>
> Jean-Clet Martin, *Métaphysique d'Alien*

Qu'est-ce que la vie ?

La possible diversité des mondes ne peut que susciter quelques interrogations sur leurs éventuels habitants. Naturellement, toute question sur la présence de vie extraterrestre, même au sein de notre propre univers, ne peut se penser sans que nous disposions d'un concept pour la vie. Nombre de discussions stériles proviennent de l'absence de définition conceptuelle claire. Il est, par exemple, tout à fait inutile de débattre de ce que tel ou tel artefact est, ou non, une œuvre d'art avant de s'être entendu sur une approche définitoire de l'art. Définition qui, dans ce cas particulier, n'est d'ailleurs pas à chercher dans l'objet lui-même mais dans la manière de le faire fonctionner. La qualité de l'œuvre est une question totalement indépendante du fait de *décider* qu'il s'agit en effet d'une œuvre. Il n'y a pas d'ontologie de la peinture, de la science, de la littérature ou de la musique : il n'y a que des manières – cognitives – de les faire fonctionner.

Or, définir la vie est une entreprise d'une incroyable difficulté. Le feu, par exemple, semble présenter toutes les caractéristiques qui viennent immédiatement à l'esprit : il est chaud, il détruit ce qu'il « ingère », il s'auto-entretient, il se répand, il bouge, il peut mourir, il existe sous différentes formes mais avec des caractéristiques communes, il se reproduit, etc. Pourtant, une flamme n'est certainement pas un être vivant. Il faut regarder de plus près. Aujourd'hui, deux grandes tendances se dessinent pour définir la vie. La première consiste à considérer les organismes en tant qu'individus comme l'expression fondamentale de la vie. Cette mouvance recourt à l'idée d'autopoïèse, c'est-à-dire à une structure en réseau de réactions récursives.

La seconde met l'emphase sur la dimension historique de la vie. Elle accorde un rôle essentiel aux liens temporels entre les populations et les générations. Les individus deviennent de simples maillons dans un processus plus global et plus fondamental.

Certaines conciliations de ces deux approches sont également tentées et tendent à considérer la vie comme système autosuffisant, quoiqu'en interaction avec son environnement, dont les capacités d'évolution sont ouvertes. La NASA propose une définition simple et brève : « La vie est un système chimique autonome capable de suivre une évolution darwinienne. »

Plus que par ce qu'elles énoncent, ces définitions brillent par la complexité qu'elles mettent en lumière. Et nous sommes pourtant dans un cas simple. Nous observons autour de nous des organismes dont nous admettons qu'ils sont « vivants ». Il suffit alors de trouver le concept qui subsume leurs caractéristiques communes et exclusives des autres systèmes. Mais, dès lors que l'on se pose la question de la nature de la vie, il faut une définition *en intention*, c'est-à-dire sans disposer de l'échantillon d'objets décrétés vivants. Les difficultés auxquelles il s'agit alors de faire face sont immenses.

Les formes de vie ne cessent de nous surprendre. Au sein même de notre planète, des organismes d'une diversité, d'une élégance et d'une ingéniosité inimaginables sont presque quotidiennement découverts. Quand on fait l'effort de les observer plutôt que de les écraser, les insectes présentent à eux seuls une palette de morphologies, une étendue de délicates trouvailles et une diversité esthétique qui ne peut que susciter l'émotion autant que l'admiration. La question de l'existence de formes de vie, en un sens qui reste à définir, échappant à notre compréhension actuelle est entièrement ouverte. Aujourd'hui, la tentative de caractérisation la plus précise recourt à trois piliers : des structures moléculaires complexes, une activité métabolique ininterrompue alimentée par l'apport de matière et d'énergie et la copie inexacte des molécules informatives. Aussi séduisante soit-elle, elle demeure sans aucun doute beaucoup trop inspirée par nos observations locales pour être érigée en critère universel, voire multiversel !

Des exoplanètes

Rechercher des planètes hors du système solaire fut une gageure. Une planète est si dérisoire, en taille comme en masse, comparée à l'étoile autour de laquelle elle gravite que mettre en évidence son existence à des distances considérables est extrêmement difficile. Déceler les éventuels cortèges planétaires d'autres étoiles que notre Soleil relève du défi astronomique. Une première exoplanète a pourtant été découverte en 1995. Dix ans plus tard, on en comptait 155. Elles se comptent maintenant par milliers. La moisson est fructueuse !

Il existe essentiellement deux techniques pour tenter de mettre les exoplanètes en évidence. Elles sont toutes deux très fines et nécessitent des efforts substantiels d'instrumentation et d'analyse. La première, dite « méthode des vitesses radiales », utilise l'effet gravitationnel de la planète sur son étoile. La masse de la première étant infime devant celle de la seconde, c'est une minuscule influence qu'il s'agit de détecter. Pour ce faire, on utilise l'effet Doppler, c'est-à-dire le décalage en fréquence de la lumière émise par l'étoile. Celui-ci est induit par le mouvement que la planète lui imprime en tournant autour d'elle. *Stricto sensu*, la planète et l'étoile tournent l'une autour de l'autre : d'où le déplacement périodique qui est mesuré et qui témoigne de l'existence de la planète.

La seconde méthode est celle dite « du transit ». Comme la planète ne rayonne pas de lumière par elle-même mais se contente de réfléchir une minuscule quantité de celle émise par son étoile hôte, le plus judicieux consiste à chercher un mince déficit d'éclat de l'étoile quand la planète passe devant celle-ci et la masque très partiellement.

Plusieurs exoplanètes dites « habitables » furent découvertes. En réalité, il s'agit seulement de signifier par-là que celles-ci se trouvent à une distance de leur étoile telle que s'il y avait de l'eau sur cette planète, elle se trouverait à l'état liquide. Nous sommes loin d'avoir identifié des traces explicites de vie. Mais une forme de vie dans des conditions comparables à celles que nous connaissons sur Terre n'est plus exclue.

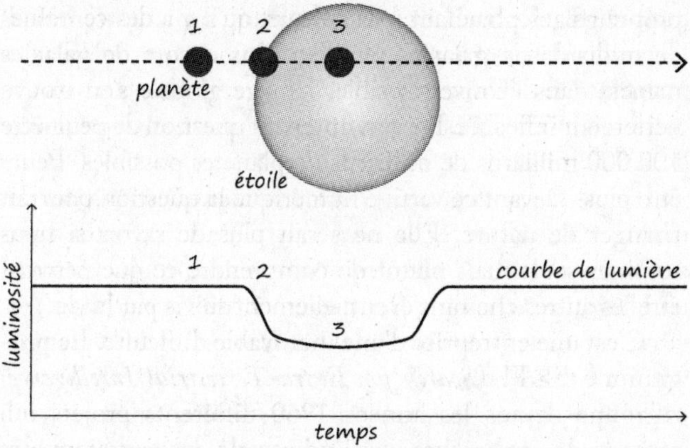

Figure 10.1. Principe de détection d'une exoplanète par la méthode du transit.

Quelle probabilité ?

Il y a encore quelques années, les exoplanètes étaient si rares et les conditions d'apparition de la vie semblaient si improbables et fragiles qu'il était raisonnable de supposer que la vie était un phénomène unique. Une sorte de miracle de contingence qui était, pour une raison sans doute à jamais obscure, apparu sur Terre. Même si la genèse des premiers organismes vivants demeure toujours mystérieuse, la découverte de nombreuses exoplanètes vient chambouler cette vision. Ceci tient à ce que les nombres qui interviennent ici ne sont pas seulement grands mais *très* grands.

Il est en effet maintenant vraisemblable que les planètes soient en réalité des objets extrêmement banals. Au point que l'on peut estimer – très grossièrement – leur nombre à peut-être 100 milliards ou 1 000 milliards dans notre propre galaxie. Sachant, par ailleurs, qu'il y a des centaines de milliards de galaxies (et bien plus encore de galaxies naines) dans l'Univers visible, l'image globale s'en trouve nettement infléchie. Il est maintenant question de peut-être 100 000 milliards de milliards de planètes possibles. Peut-être plus. Devant ce vertige numérique la question pourrait changer de nature. Elle ne serait plus de savoir si nous sommes seuls mais plutôt de comprendre ce que peuvent être les autres chemins éventuellement suivis par la vie.

C'est une entreprise d'une incroyable difficulté. Le programme SETI (*Search for Extra-Terrestrial Intelligence*) regroupe depuis les années 1960 différents projets qui tentent de rechercher des indices de vie extraterrestre intelligente à partir de signaux électromagnétiques qui se différencieraient d'un simple bruit. C'est sans doute une démarche louable mais il m'est difficile de ne pas la trouver dans le même temps assez arrogante et dans une certaine mesure pathétique. Elle sous-entend en effet que la vie extraterrestre intelligente devrait non seulement user des mêmes techniques que celles qui nous sont familières mais aussi que notre rapport au monde relèverait, en réalité, de caractéristiques ou de modalités propres au monde lui-même. Nous partageons 99 % de notre patrimoine génétique avec les chimpanzés. Notre histoire est pour l'essentiel commune avec la leur. Nous habitons sur la même planète, au même moment. Et pourtant, incontestablement, les topiques signifiantes de leur(s) monde(s) ne sont pas les nôtres. Ce qui reste d'ailleurs vrai, dans une large mesure, quand on compare différentes civilisations humaines. Supposer donc que toute forme de vie intelligente doive « voir » le même monde, de la même manière que le physicien terrien du début du XXIe siècle me semble, au mieux, inconséquent.

Si, de plus, il devient nécessaire de penser au-delà de l'Univers, dans la diversité insondable du Multivers, il n'est plus même possible d'imaginer le sens que peut revêtir le mot « vie ». Il est légitime de supposer que pour que celle-ci puisse se développer, quelle que soit la signification précise que l'on donne à ce terme, il faut que les lois autorisent l'émergence de la complexité. Mais rien ne prouve évidemment que la complexité du carbone dans un environnement d'eau liquide, celle que nous observons ici, soit la seule envisageable. Et rien ne prouve que notre compréhension de la complexité soit assez générale. Les limites à transgresser sont ici celles de notre pensée plus que celles de la physique.

11
Un test direct du multivers

« L'utopie, ça réduit à la cuisson, c'est pourquoi il en faut énormément au départ. »

Gébé, *L'an 01*

Comme cela a été précédemment expliqué, mettre à l'épreuve le multivers est éventuellement possible de façon indirecte, parce qu'il n'est pas une théorie mais est, au contraire, une conséquence de théories qui peuvent être testées dans notre Univers. À partir de la connaissance du « paysage », c'est-à-dire des caractéristiques des différents univers et des probabilités d'apparition associées, il est bel et bien possible de faire des prédictions au sens usuel de terme. Étonnamment, dans certains cas, il est même possible de proposer des observations directes du multivers. C'est à l'un de ces cas que nous nous intéressons ici.

L'intrication quantique

De façon tout à fait indépendante du multivers et de la cosmologie, la mécanique quantique prédit un phénomène très étonnant et très fondamental nommé « intrication ». Il s'agit peut-être de la conséquence la plus déroutante et la plus importante de toute la physique quantique. Quand un système se trouve dans un tel état, dont la définition mathématique précise n'importe pas ici, deux objets spatialement distants peuvent en réalité ne pas être séparables. Des corrélations instantanées, qui seraient impossibles si les deux objets étaient considérés comme indépendants l'un de l'autre, sont mesurables.

Considérons un exemple. Supposons qu'un système de deux photons, c'est-à-dire deux grains de lumière, soit préparé dans un état intriqué (on peut aussi dire enchevêtré). Après quelques instants, les photons se déplaçant à une vitesse élevée se trouvent très éloignés l'un de l'autre. Le phénomène étrange et remarquable est le suivant : en mesurant par exemple la polarisation d'un des photons, l'expérimentateur va changer *instantanément* la polarisation de l'autre photon ! Le second photon paraît « savoir » que le premier a été mesuré dans une certaine polarisation, et ce sans aucun délai. À première vue, cela semble violer le principe de causalité et toutes les leçons de la relativité restreinte.

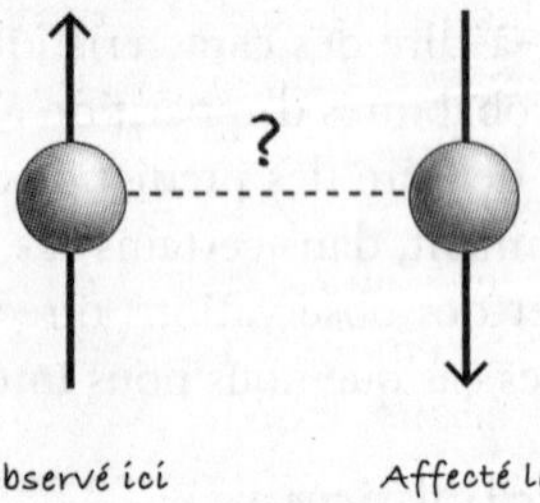

Figure 11.1. Pour une paire de photons intriqués, la mesure de la polarisation de l'un va affecter instantanément celle de l'autre. Ils doivent être considérés comme un système unique.

En fait, il n'en est rien. Il n'y a aucune violation de la physique relativiste parce qu'aucune information ne peut être transmise par ce biais. De plus, il est essentiel de comprendre que l'ensemble des deux photons (ou plus généralement des deux particules intriquées) doit être pensé comme un unique système. La physique quantique est une théorie fondamentalement non locale et c'est ce qui s'exprime ici. Il n'y a pas de sens à décrire ces deux photons comme deux particules distinctes qui s'influencent l'une l'autre. Des expériences concluantes ont même pu explicitement montrer qu'une vision réaliste locale – celle qui prévaut en physique classique et que défendait Einstein pour la physique quantique – était incorrecte et intenable.

Des phénomènes d'intrication ont été observés avec des photons, des neutrinos, des molécules et des électrons. Ils jouent également un grand rôle dans les développements en cours pour les ordinateurs quantiques. À ce stade, ce ne sont que des projets théoriques et nous sommes encore loin d'ordinateurs quantiques utilisables au quotidien. Mais, en mettant à profit l'étonnante propriété de certains systèmes quantiques de se trouver simultanément dans plusieurs états, ces nouveaux ordinateurs permettraient de décupler les capacités de calcul des machines actuelles.

L'intrication est un phénomène spécifiquement quantique qui défie l'imagination. Elle permet de « lier » deux entités matérielles quelle que soit la distance qui les sépare. En principe, cette distance peut être de plusieurs milliards d'années-lumière, voire davantage. Dès qu'on effectue une mesure sur l'un des constituants de la paire, on détermine immédiatement l'état de l'autre. Le système des deux entités doit être considéré comme un tout. Le monde quantique impose de revoir nos fondamentaux.

Des univers enchevêtrés

L'une des possibilités les plus sérieuses pour un test direct de l'existence d'un multivers est précisément liée à ce phénomène d'intrication quantique. Si nous vivons dans un multivers inflationnaire – l'une des versions les plus intéressantes des univers multiples –, alors les autres « univers-bulles » s'éloignent de nous à des vitesses considérables. Des vitesses qui sont même plus grandes que celle de la lumière. Là encore, il n'y a – contrairement aux apparences – aucune contradiction entre cette assertion et la relativité, car cette vitesse est une vitesse *globale* qui ne correspond pas à ce qui pourrait être mesuré pour un déplacement *local* de matière ou d'information. L'adage selon lequel il est impossible de se mouvoir plus rapidement que la lumière demeure donc correct. Mais cela signifie que ces autres univers sont causalement déconnectés de nous : ils ne peuvent pas échanger d'information. Ils sont « classiquement » inaccessibles, quelle que soit la puissance de nos éventuels vaisseaux spatiaux. Tout semble donc laisser entendre que des indications claires de leur existence ne peuvent pas être espérées puisque l'espace croit exponentiellement entre les bulles qui se séparent inexorablement les unes des autres…

Mais ce serait sans compter, justement, sur le phénomène d'intrication quantique. La non-localité subtile de la physique quantique pourrait permettre de mettre à l'épreuve ce multivers. Si les différents univers ont été créés dans un état quantique intriqué – ce qui est possible mais pas certain –, alors il se pourrait que des traces d'un autre univers soient mesurables dans notre Univers. L'idée a été explorée depuis plus de dix ans mais a récemment pu être à nouveau étudiée et confrontée avec les mesures du satellite Planck. Le cœur de l'argument tient dans le fait que lorsque l'intrication va s'évanouir – car il est hautement improbable qu'elle perdure –, cela va modifier le potentiel associé à l'inflation dans notre Univers. Le potentiel est la fonction mathématique qui décrit les interactions du champ physique qui engendre l'inflation. Ce qui importe ici est de savoir que cela a des conséquences sur la dynamique de l'expansion cosmologique. La perte de l'intrication initiale avec un autre univers aurait donc la caractéristique concrète et mesurable de modifier le déroulement de l'inflation – l'augmentation considérable de la taille – dans cet univers-ci !

L'inflation est un élément essentiel de notre modèle cosmologique, et le potentiel est une donnée cruciale pour décrire correctement son déroulement. La manière dont l'Univers va se comporter durant cette phase de croissance exponentielle est intimement liée à la forme du potentiel. Elle représente, pour recourir à l'analogie habituelle, le paysage des dunes que subirait une bille en train de rouler à la surface de montagnes russes. Mais, lors de la perte d'intrication, les montagnes et les vallées vont changer de morphologie. S'ensuivra une modification de l'évolution des distances dans l'Univers. C'est là l'effet, spéculatif mais pas insensé, que la présence d'un autre univers initialement enchevêtré avec le nôtre peut avoir sur les mesures locales. C'est une approche particulièrement élégante dans la mesure où les données récentes du satellite Planck permettent précisément de sonder la forme du potentiel.

Mais cette approche, aussi attrayante soit-elle, n'est pas sans difficulté. Le problème le plus important à mon sens tient à ce que le potentiel de l'inflation « avant » la correction due à la disparition d'une éventuelle intrication initiale avec un autre univers n'est pas connu. Il est par conséquent délicat de mettre en évidence le phénomène. Les initiateurs de ce raisonnement montrent par exemple qu'un potentiel couramment utilisé et connu pour bien rendre compte des observations devient incompatible avec ces dernières quand on tient compte de l'intrication. C'est un résultat remarquable. Mais dans la mesure où la forme réelle du potentiel n'est pas quelque chose de consensuel, rien n'empêche de supposer qu'un autre potentiel, jusqu'alors défavorisé du point de vue des observations, puisse, une fois cette correction incluse, devenir au contraire en excellente adéquation avec les mesures.

Il y a simplement trop d'inconnues pour conclure à l'heure actuelle. Les articles se succèdent et se contredisent. Mais ces recherches montrent que le multivers entre, peu à peu, dans le champ de la science testable.

L'insaisissable physique quantique

Il peut être opportun de profiter de ce fabuleux phénomène d'intrication quantique pour s'interroger un instant sur la réception d'une théorie aussi complexe par un public qui, nécessairement, ne la connaît pas en détails. L'intrication est liée, comme nous l'écrivions, aux ordinateurs quantiques mais aussi à la cryptographie, et même à la téléportation quantique. Il s'agit de thèmes de recherche sérieux et tout à fait légitimes. Mais les mots portent parfois au-delà du sens qui leur était initialement dévolu…

Pour différentes raisons, qu'il conviendrait à la sociologie d'établir, le monde quantique est devenu un prétexte ou un lieu de prédilection pour nombre de postures charlatanesques. La physique quantique a bon dos et, parce qu'elle prédit effectivement des phénomènes qui échappent à l'intuition du quotidien, beaucoup de propositions délirantes tentent d'y trouver un pseudo-fondement. De même que le mot « magnétisme » a, en son temps, été abondamment utilisé par certains courants obscurantistes, il semble que « quantique » soit aujourd'hui un terme qui permette en certaines circonstances de se revendiquer à tort du sérieux scientifique ou de prêter à la physique des conclusions qui ne sont pas du tout les siennes.

La situation est complexe. Je pense qu'il est essentiel de ne *pas* considérer que la science est la seule vérité sur le réel. Les positionnements scientistes qui voudraient effondrer la totalité des significations ou des modes d'existence à la seule description scientifique me semblent arrogants et naïfs. D'abord parce que la science est elle-même bien sûr en constante (r)évolution, mais surtout parce qu'il est évident que de nombreuses autres dimensions de la pensée et de l'action – peut-être une infinité ! – lui échappent par construction. Comme le laissait entendre Michel Foucault, dans un geste très nietzschéen, l'herbe est bien réelle pour le ruminant qui la dévore, et elle n'a rien à voir avec celle du botaniste…

Pour autant, tout ne se vaut pas. Et il ne fait aucun doute que les énoncés insensés qui cherchent à fonder leur authenticité dans une entourloupe pseudo-scientifique doivent être démentis et réfutés. Reconnaître, parce que c'est la vérité, que les frontières de la science ne sont pas clairement définies ne doit d'aucune manière servir de prétexte à utiliser la science pour donner du crédit aux pires créationnismes, conspirationnismes, négationnismes, etc. qui doivent être combattus sans relâche.

Hawking et le multivers

Le dernier article de recherche co-écrit par le grand physicien Stephen Hawking et déposé sur la base publique arXiv, avant d'être publié dans le très bon *Journal of High Energy Physics* (*JHEP*), a suscité un étrange brouhaha médiatique. Ce travail était dévolu à une description duale de l'inflation éternelle en termes de théorie de champ conforme euclidienne déformée, située au seuil de l'inflation. C'est une étude intéressante pour les spécialistes. Elle n'a néanmoins aucun lien avec le travail révolutionnaire sur le multivers – digne d'un prix Nobel posthume, a-t-on lu ici et là – annoncée par une presse sensationnaliste. En dehors de celles émanent du co-auteur, l'article n'a recueilli que neuf citations en deux années. Il n'est évidemment pas ici question de le dénigrer (et moins encore d'oublier les magnifiques travaux réalisés par ailleurs par Hawking) mais de remettre les choses à leur place : le multivers suscite des excès parfois incontrôlés. Mais, incontestablement, il passionne même les plus grands scientifiques !

En ce temps si formaté, je crois que tous les enthousiasmes sont bienvenus. Toutes les explorations et appétences sont légitimes. Toutes les tentatives pour penser hors de l'ordre sont à encourager. Mais il n'en faut pas moins être capables de hiérarchiser la fiabilité de nos savoirs et de nos croyances.

12
MÉTA-STRATES

« Le jardin d'Eden fut perdu pour avoir goûté le fruit de l'arbre de la connaissance, perdu non pour la luxure mais pour la curiosité, pas pour le sexe mais pour la science. »

Nelson Goodman, *Of mind and other matters*

De très multiples multivers

Nous n'avons arpenté qu'un îlot du multivers. Les nombreuses formes de mondes multiples ici dessinées sont loin d'épuiser la diversité de cette diversité elle-même. Il existe pléthore d'autres modèles conduisant à des plurivers très différents ou à d'autres formes de multivers dans le cadre des modèles déjà esquissés.

La mécanique quantique décrit les particules élémentaires à l'aide de fonctions d'ondes. Ce sont des objets mathématiques qui permettent de mesurer la probabilité de présence des particules en différents points de l'espace. Elles rendent compte de la délocalisation fondamentale qui est inévitable au niveau quantique. Il est, par exemple, possible de poursuivre cette approche et d'étudier la fonction d'onde du multivers sur l'ensemble du paysage. Il faut tenir compte de la décohérence (voir «chapitre 4»), qui traduit en partie la transition vers un état classique, et certaines configurations émergent alors comme étant nettement plus probables que d'autres. En incluant les fluctuations et l'énergie du vide, différentes tendances apparaissent et sélectionnent les univers « survivants ». Ce type d'approches a conduit à des prédictions pour le rayonnement fossile qui s'avèrent être vérifiées jusqu'à maintenant. Bien que ces dernières ne soient pas convaincantes au niveau statistique, parce que les incertitudes sont importantes, leur simple existence est déjà remarquable.

D'autres modèles pensent le multivers très différemment encore. Retour sur l'inflation ! Dès lors que le champ physique, disons l'inflaton, qui engendre l'inflation, présente plusieurs vides métastables, la structure en multivers est inévitable. Un vide métastable n'est rien d'autre qu'un minimum local, un état classiquement stable mais n'étant pas tout à fait à l'altitude nulle. Ce sont les petites « vallées » que nous évoquions précédemment, qui sont moins hautes que les montagnes alentour, mais ne sont pas nécessairement le lieu absolument le plus bas de l'ensemble du paysage. Des transitions entre ces vides métastables, entre ces îlots

Le vide en mécanique quantique

En physique classique, un espace dénué de toute particule peut-être déclaré rigoureusement vide. En physique quantique, les choses ne sont pas aussi simples. Grâce au principe d'incertitude de Heisenberg, des paires de particules et antiparticules émergent spontanément de l'espace. Le vide quantique est donc loin d'être dénué de toute entité. Ces fluctuations du vide quantique ont des effets mesurables qui ont été effectivement mis en évidence.

de calme, sont possibles grâce à l'effet tunnel quantique qui autorise parfois ce que la physique classique interdisait. (Il est d'ailleurs intéressant de noter que les mesures du LHC indiquent que le « vide » dans lequel nous nous trouvons pourrait justement être métastable ! C'est une conclusion sujette à caution mais assez fascinante.) Des univers-bulles fils peuvent alors nucléer et prospérer dans le « fond » créé par l'univers parent. De cette façon, la totalité du paysage des vides de la théorie est exploré. La structure spatiotemporelle résultante est un multivers en inflation éternelle. Les bulles grandissent à la vitesse de la lumière, elles apparaîtraient donc comme des lignes à 45 degrés d'inclinaison dans les diagrammes de Penrose introduits au deuxième chapitre de cet ouvrage. Si le vide à l'intérieur de la bulle a une densité d'énergie positive, l'espace se comporte essentiellement comme ce que l'on nomme un « espace de De Sitter » et l'expansion perdure indéfiniment, devenant d'ailleurs le terreau de nouvelles nucléations d'univers.

Mais si la bulle présente une densité d'énergie négative (point T sur la figure de la page 154), alors l'espace est dit d'« anti De Sitter ». Dans ce cas, il va se contracter et achever sa vie dans une singularité semblable à un Big Bang vu à l'envers : un Big Crunch. En ce sens, les bulles anti De Sitter seraient donc des « bulles terminales ». Mais, comme la gravitation quantique à boucles nous l'a appris (et comme d'autres approches de gravitation quantique le corroborent), il est peu probable que cette singularité soit physique puisqu'elle est une prédiction de la relativité générale là où cette dernière cesse explicitement d'être correcte. Il y a donc fort à parier qu'en réalité un rebond remplace le Big Crunch, l'effondrement absolu. Comme ce rebond a lieu à des densités d'énergies phénoménales, la probabilité de transition vers un autre

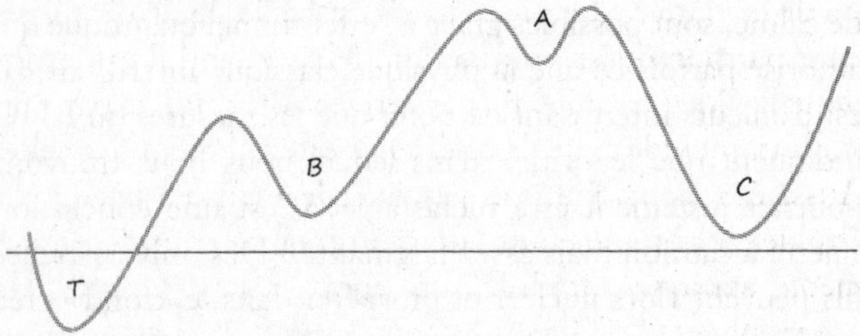

Figure 12.1. Les vides métastables qui se trouvent aux points A, B, C. Le point T correspond à une énergie négative, donc à un espace anti De Sitter, tandis que les points A, B, C correspondent à des espaces de De Sitter.

vide (par exemple du point T au point B sur la figure) est élevée. Cela signifie que l'univers en expansion issu de cette contraction n'hérite pas des caractéristiques exactes de son univers parent. Il est même possible que différentes parties de la région en contraction transitent vers différents vides séparés par des « murs ». Cela engendre un multivers particulièrement riche à partir d'une physique initiale relativement pauvre !

Avec mon étudiante en doctorat, Linda Linsefors, nous avons suivi une approche similaire, quoique plus dépouillée encore, pour montrer que même sans transition vers des valeurs négatives de l'énergie, c'est-à-dire en demeurant toujours dans un espace de De Sitter, il était possible de générer un multivers cyclique ! La raison est très simple et très fine. L'accélération actuelle de l'expansion de notre univers est probablement due à une constante cosmologique *positive* : il s'agit d'un terme présent dans les équations de la relativité générale et induisant naturellement cette dynamique. Mais il est souvent oublié que cette même constante peut aussi induire une phase de contraction exponentielle. Quand il y a de la matière dans l'espace, il est facile de savoir s'il est en expansion ou en contraction. Mais quand il est entièrement vide, ce qui finit par arriver après une expansion suffisamment longue, la différence est purement formelle. Aussi étonnant que cela paraisse, le même espace peut être décrit comme étant en expansion, en contraction ou même statique par différents choix, tous légitimes, de coordonnées.

C'est ici que quelque chose d'intéressant se passe. L'horizon cosmologique d'un espace de De Sitter est muni d'une température et émet des rayonnements, exactement comme un trou noir subissant l'effet Hawking. Mais quand un rayonnement est émis, cela induit naturellement un feuilletage (c'est-à-dire une « organisation » de l'espace) privilégié pour l'univers et « décide » donc de sa contraction ou de son expansion. S'il est en expansion, le rayonnement est « dilué » et l'univers reste essentiellement vide. Mais s'il advient que le feuilletage induit est en contraction, alors les rayonnements vont voir leur énergie et leur densité augmenter. Ceci finira inéluctablement par se produire à un moment ou à un autre puisque des rayonnements sont émis en permanence. La densité finira par atteindre une valeur telle qu'il y aura un Big Bounce, un grand rebond, et ensuite une phase d'expansion. Nous spéculons donc que le contenu de notre univers, ainsi que sa transition vers une branche en expansion, pourrait être une simple conséquence de l'existence d'une constante cosmologique positive, à savoir d'une propriété purement géométrique de l'espace !

D'autres idées de multivers se fondent plus directement sur la physique des particules élémentaires. L'un des problèmes les plus épineux de cette dernière provient de l'immense hiérarchie d'intensité (un facteur d'environ cent millions de milliards) qui sépare la force gravitationnelle des trois autres forces connues (l'interaction électromagnétique, l'interaction nucléaire forte et l'interaction nucléaire faible). Ce fossé pose des problèmes conceptuels autant que techniques et tenter d'en cerner l'origine est un défi majeur de physique théorique.

Le modèle de Randall-Sundrum, intensément étudié en cosmologie, tente d'en venir à bout en supposant que notre univers à 4 dimensions (3 d'espaces et 1 de temps) n'est qu'une sorte de membrane dans un espace plus fondamental qui présenterait 5 dimensions. Celui-ci aurait une structure de type anti De Sitter. Une seconde membrane flotterait également dans cet espace à 5 dimensions, mais sur celle-ci, la gravitation serait aussi intense que les autres forces. On l'appelle la « membrane de Planck ». Toutes les particules connues seraient confinées sur ces deux membranes, à l'exception des gravitons, propageant la gravité, qui pourraient se déplacer également dans l'espace penta-dimensionnel au sein duquel les membranes sont immergées. Les deux univers ne seraient pas nécessairement séparés par une distance considérable mais celle-ci fixerait l'écart des échelles d'énergies entre les membranes. En jouant sur celle-ci, le problème de la hiérarchie se trouve donc automatiquement résolu. Ce sont ici des motivations liées à la compréhension des masses et des constantes de couplage – c'est-à-dire des intensités d'interactions – qui invitent à imaginer l'existence d'un autre univers (qui peut d'ailleurs, dans une version de ce modèle, être repoussé à l'infini) et d'un espace de prolongement à cinq dimensions. Le microcosme et le macrocosme, une fois de plus, se frôlent.

Figure 12.2. Le modèle de Randall-Sundrum. La membrane (présentant en fait 4 dimensions) de gauche est « à l'échelle de Planck » tandis que celle de droite (également quadridimensionnelle) serait le monde dans lequel nous vivons. Entre les deux, un espace d'immersion à cinq dimensions.

Max Tegmark, spécialiste du Multivers, suggère qu'il existe un méta-niveau qui n'a pas encore été exploré. Il défend l'idée suivant laquelle le réel serait intrinsèquement mathématique. Notre univers, et tous les autres évoqués jusqu'alors, correspondent à la réalisation de certaines structures mathématiques. Mais Tegmark considère qu'à un certain niveau *toutes* les structures mathématiques doivent s'incarner dans certains univers. Cette vision dépasse de loin la complexité déjà presque impensable du paysage de la théorie des cordes. La richesse subtile et profuse des mathématiques dessinerait une nouvelle strate surplombant tous les plurivers.

Aussi élégante soit-elle, cette hypothèse me semble relativement arbitraire et peu étayée. Mais elle ouvre de nouvelles et vertigineuses perspectives, sans rien renier des lois de la logique ni de la théorie des ensembles.

Bien qu'elle soit déjà fort audacieuse, cette posture ambitionnant d'atteindre la « couche » ultime de l'architecture des univers multiples m'apparaît finalement comme assez timide et conservatrice. Pourquoi le réel se cantonnerait-il aux seules mathématiques ?

Penser le « plus d'un »

Tout cela est-il réel ? Mais de quel réel parle-t-on ici ? La science ne parle pas au nom du réel. La Nature – au sens que l'on pouvait donner à ce terme au XVIIIe siècle par exemple – ne lui a pas délégué ce droit. La science est une construction, délicate et raffinée, subtile et intransigeante, précise et prédictive, mais sans rapport privilégié avec l'« en-soi » des choses. Tout laisse d'ailleurs penser que cet « en-soi » est un leurre, un fantasme ou un fantôme : le monde n'est pas un donné, il est un matériau à façonner et à sculpter suivant nos attentes ou nos espoirs. Il est moins question d'appréhender la forme ultime et intrinsèque de ce qui est pensé que d'opérer une coupe dans le champ des possibles. La physique est elle-même un univers. Non pas, bien sûr, au sens d'une zone identifiée d'espace ou d'une bifurcation de la mécanique quantique, mais en tant que système symbolique et cognitif *élaboré* pour répondre à des besoins ou des désirs.

Notre histoire fut fascinée, presque hypnotisée, par l'*Un* et par l'*Ordre.*

Si le concept d'Un, dans sa dimension ontique et métaphysique, est souvent associé au néoplatonisme de Plotin, voire à Platon lui-même dans son opposition au multiple (et à ses représentations elles-mêmes multipliées), il est significatif que, sous des formes et des régimes de signes parfois divergents, il joue un rôle originel bien au-delà de la seule philosophie grecque. D'une manière ou d'une autre, le mythe, en tant que « bouche immédiatement adéquate à la clôture d'un Univers », comme l'analyse Jean-Luc Nancy, s'accomplit « dialectiquement » dans cette articulation de l'un et de l'ordre. C'est précisément dans ce balancement qu'il devient « figuration propre », tautégorique, en tant que parole unique de plusieurs. Il fait vérité par lui-même. On l'observe en Inde avec la religion du *Véda*, en Chine avec le Tao, en Égypte avec l'Hymne à Amon-Rê, en Afrique dans les cosmogonies des Dogons. Et, naturellement, au cœur de la Grèce, dans l'immense poème hésiodique.

La hantise du multiple et du désordre est donc certainement bien plus profondément déployée dans l'histoire des idées qu'un simple héritage de la métaphysique occidentale. Peut-être le rôle spécifique de la philosophie en ce domaine a-t-il consisté à entériner l'*identité* de l'Un, de l'être et de la valeur, suivant une lignée dont l'argumentaire cheminerait de Parménide à Leibniz en passant par Socrate. Et cette « identicité » ne peut avoir lieu, c'est-à-dire se produire effectivement, au sens non seulement théorétique mais aussi praxique, que moyennant une mise en ordre draconienne et générale.

La mise en ordre du monde – c'est le sens même de son nom, de *cosmos* autant que de *mundus* –, qu'elle soit philosophique ou scientifique, s'est articulée à deux visions apparemment antagonistes. D'une part, l'ordre finalisé, téléologique, associé à un sens et une direction identifiés. D'autre part, un ordre nécessaire, mécaniste, sans dessein ni visée. Une troisième voie, qui tout à la fois se distingue des deux premières et les entremêle, celle d'un ordre contingent, fut également « explorinventée ». Ce qui importe ici, plus que la modalité, c'est la récurrence de cet appel et de ce rappel à l'ordre.

Le multivers est une formidable occasion d'exporter dans le champ de la physique les interrogations que des philosophes ont étudié depuis peu, pour des raisons différentes, dans des contextes différents et avec des méthodes différentes. Je pense à Jacques Derrida et Nelson Goodman qui ont, chacun, ébranlé l'un des deux piliers qui sous-tendent le cœur de la tradition philosophique. Derrida, par le jeu subtil de la différ*a*nce, a fait chanceler la vaste entreprise de *mise en ordre*. Goodman, par la profusion de mondes construits et irréductibles les uns aux autres, a remis en cause l'*aspiration à l'unité*. Il faut comprendre, en filigrane, que la métaphysique – et au-delà, l'essentiel de la philosophie – s'est largement développée dans une articulation profonde de l'un et de l'ordre, se rétablissant sur l'un de ses pilastres quand l'autre faiblissait. C'est pourquoi, si tant est que les soubassements de l'histoire (ou d'une histoire) philosophique devaient être revisités – peut-être révisés –, il serait essentiel d'user *simultanément* des propositions de Derrida et de Goodman. Pour neutraliser la récupération dialectique par l'autre contrefort (par l'unité quand l'ordre faillit ou par la mise en ordre quand la multitude s'immisce) il est important d'interroger les concepts et structures philosophiques suivant le double impératif de la déconstruction et du nominalisme, suivant le double prisme du dés-ordre de Derrida et du multiple de Goodman. L'efficace d'une remise en cause du « mythe de l'un » ne peut se faire sans ébranler le « mythe de l'ordre ». Et réciproquement. Considérer conjointement les systèmes (et donc aussi des dé-systématisations) de Derrida et de Goodman serait donc, suivant ce dessein, non seulement utile mais, finalement, presque indispensable. En contrepoint de la différence des enjeux, la différence de leurs langages est fondamentale.

À partir de ce malaise latent, à moins que ce ne soit contre lui, Derrida a mis en œuvre une vaste quête de réappropriation du concept de loi et de distanciation par rapport à sa prééminence. Se risquera-t-on à la nommer déjà une déconstruction ? C'est-à-dire non seulement une destruction et une (re) construction mais aussi un détournement du geste heideggérien permettant de s'extraire drastiquement des dualités métaphysiques. Autrement dit, un processus profond de mise en mouvement et en renouvellement des structures. C'est-à-dire encore, et plus que tout, une exigence de « justice ». Sous une forme ou une autre, évidemment ou subrepticement, la loi – une loi, mais peut-elle ne pas être articulée à un ordre supérieur ? – infecte les conditions de possibilité de la pensée. Derrida, naturellement, n'aborde pas frontalement et génériquement la question de la loi, du légal, du légiférer, du legs. Elle se dissémine pourtant largement à travers son œuvre et jalonne la mise en abîme d'un des soubassements essentiels de la métaphysique. Étant entendu qu'aucune entité identifiable, isolable, explicitable ne répond strictement à cette assignation.

Goodman s'en prend à l'autre pilier de l'édifice : il questionne l'unicité. Et procède à cette remise en cause là où, précisément, elle semble le plus improbable. Il invente la coextensivité des mondes. Non pas des mondes possibles, comme chez Leibniz ou Kripke. Ni même des mondes réels, mais inaccessibles, comme chez Lewis. Chez Goodman, les mondes multiples sont ici et maintenant. Ils sont façonnés. Ils résultent d'une pratique et d'une symbolique. Il faut prendre au sérieux, c'est-à-dire littéralement, ses « manières de faire des mondes ». Non pas comme une plaisanterie de philosophe analytique qu'il s'agirait de revoir, épurer, tempérer à la lumière de l'austère nominalisme esquissé quelques années auparavant, mais comme une véritable posture ontologique et métaphysique. Cette multiplicité des mondes, ce relativisme radical revendiqué comme tel, est tout sauf un laxisme. Il est une exigence de rigueur et de responsabilité prenant à revers les présupposés les plus implicitement incrustés dans les trames de nos représentations. Il est notable que cette profusion de mondes, presque échevelée, soit issue d'un aride philosophe analytique manifestement peu enclin à manipuler des entités superflues. Voilà qui pourrait, à raison, étonner.

L'histoire du multivers pensé dans un schème derrido-goodmanien reste à écrire.

Figure 12.3. Nos manières de façonner et d'agencer les systèmes symboliques forment aussi un multivers (photo : Aurélien Barrau).

Relativisme engagé

Une fois de plus, il n'est pas logiquement *nécessaire* de recourir à une philosophie disséminée pour aborder la très scientifique question du multivers. Mais il serait certainement regrettable de ne pas user de ce prétexte pour oser penser hors des sentiers battus des logiques, éthiques et esthétiques traditionnelles. L'occasion est idéale pour interroger jusqu'aux concepts les plus ossifiés.

À commencer par « la vérité » si souvent évoquée ou invoquée en sciences. Autrement dit, à commencer par ce qui aurait dû être l'achèvement. Ni Goodman ni Derrida ne transigent avec la vérité. Elle est une préoccupation de tous les instants. Elle est, si l'on peut dire, la règle – à moins que ce ne soit la loi – de leurs jeux philosophiques, de même qu'elle est le non-négociable de toute proposition scientifique. Elle structure les modalités possibles du discours. Elle joue à la fois le rôle du cadre et celui de la palette. Elle est le substrat à modeler et la limite infranchissable. Elle entrouvre et enclot. Ce ne sont pas les définitions ou les usages de la vérité qui importent principalement, ce sont les inconforts, les non-dits, les tensions. Est-ce encore, ou déjà, de l'acception usuelle de la vérité, disons de l'*adaequatio rei intellectus* de Thomas d'Aquin, en tant qu'héritage diffus de la tradition aristotélicienne, dont il est ici question ? Quel qu'en soit le concept explicite, à supposer qu'elle ne résiste pas à toute forme de conceptualisation, la vérité s'impose comme une évidence dont les contours, aussi indécis soient-ils, révèlent la nécessité des projets.

Mais la vérité est aussi un concept équivoque et dangereux. La vérité est-elle, *en vérité*, un concept ? Comment définir la vérité de la vérité ? Faut-il même tenter de dé-finir en cette occurrence ? Ne touche-t-on pas précisément ici à ce qui ne peut qu'échapper à la signification différentielle saussurienne ? Il n'est évidemment pas question de s'immiscer dans l'archéologie immémoriale de cette notion diffuse et lâche qui exige pourtant une extrême précision dans toute tentative d'en appréhender les sens ou les ramifications. Ni Derrida ni Goodman n'a entrepris une telle tâche. Les physiciens s'en tiennent génériquement éloignés comme d'une question apocryphe. Le rapport à la vérité n'en est pas moins obsessionnel dans leurs œuvres comme, peut-être, dans toute entreprise philosophique et scientifique digne de ce nom. Ils n'ont pas seulement interrogé la vérité, ils ont durablement et profondément ébranlé la vérité-évidence. S'agit-il de vérité positiviste, comprise comme un rapport du sujet à l'objet ? De vérité idéaliste, comme définition quasi performative du vrai de l'être par la conscience ? De vérité pragmatiste, comme économie du sujet connaissant ? Autrement dit : vérité de Comte et Popper, de Berkeley et Hegel ou de James et Dewey ? À moins qu'il ne s'agisse déjà d'une insaisissable oscillation. Mais l'élytre, ici, ne peut flotter tout à fait librement.

C'est certainement au nom de la vérité qu'il *faut* lutter contre les acharnements dénégatifs vis-à-vis desquels aucune tolérance n'est envisageable. On imagine aisément les insupportables postures de négation qu'il est nécessaire de combattre sans relâche. Mais c'est aussi au nom de la vérité que les pires totalitarismes se sont installés et que les pires colonialismes se sont justifiés. Comme l'argumente Goodman, la vérité, c'est à la fois trop et trop peu. Trop, parce que l'immense majorité des vérités sont triviales et parfaitement dépourvues d'intérêt. Trop peu, parce que dans beaucoup de cas, la vérité n'est pas un genre pertinent : c'est plutôt « l'ajustement » qui importe. Quel sens pour la vérité dans un monde pictural ? Dans un monde fictionnel ? Dans une symphonie de Beethoven ? C'est l'adéquation qui fait sens.

C'est en cela qu'il est loisible de plaider pour un relativisme radical. Mais, contrairement à l'acception usuelle de ce terme, ce relativisme serait une exigence. Le contraire d'un nihilisme. Le relativisme conséquent est un relativisme engagé, voire militant ou révolutionnaire. C'est parce qu'il intègre la fragilité des constructions et la présence d'un danger toujours latent qu'il invite à prendre position. Il n'est pas rare d'entendre certains courants réactionnaires et identitaires, toujours prêts à fustiger le premier bouc émissaire venu (les étrangers, les Tziganes, les homosexuels, les pauvres, les jeunes, les sans domiciles, les femmes…), justifier leurs positions au nom d'un principe de réalité : ils ne croient pas à l'angélisme et par conséquent réfutent les postures sociales ou solidaires. Mais c'est, *précisément*, parce qu'il n'est évidemment pas question de miser sur un angélisme irréaliste qu'il faut s'engager pour mettre en œuvre les indispensables politiques de partage, de redistribution, de respect des minorités, de protections des systèmes écologiques qui, justement, ne s'inventeront pas d'elles-mêmes ! Je rêve d'une politique qui énonce un jour : « cela ne rapporte rien à notre communauté constituée, cela a même un coût pour la nation, mais nous les accueillerons, nous les aiderons, nous les aimerons, parce que c'est juste et parce que nous le pouvons ».

Le multivers invite à penser l'étranger et l'étrangeté. Il invite à les voir pour ce qu'ils sont. Il invite à renverser l'ordre de la mythologie pour faire face à une logo-mythie : c'est *logos*, la rationalité, qui est première et entraîne ou engraine presque mécaniquement vers *muthos* et ses mondes invisibles. La physique mène à des lieux où elle n'était pas attendue. Peut-on ne pas en ressentir une dionysiaque jouissance ?

Une chose est certaine : quand bien même ces mondes multiples existeraient, ils ne doivent en rien – d'aucune manière – amoindrir notre si nécessaire désir de chérir ce monde-ci. Il en a besoin plus que jamais. Il est mourant, par notre choix.

Épilogue

Il n'y aurait donc pas « un » Multivers mais une immense diversité de multivers, contenant chacun une immense diversité d'univers. Ils sont, pour l'essentiel, compatibles les uns avec les autres. Il est par conséquent tout à fait légitime d'imaginer qu'ils se combinent et s'enchevêtrent, engendrant une véritable structure gigogne de mondes imbriqués. En revanche, il est très délicat de tenter de les hiérarchiser au sens où, dans la plupart des cas, il est arbitraire de décider lequel contient l'autre.

Les grandes classes de multivers peuvent ainsi se scinder comme suit. La possibilité de tester chacune d'elle est brièvement rappelée.

Multivers parallèles

La mécanique quantique, dans une certaine interprétation, dite « d'Everett », prédit que chaque interaction d'un système quantique avec un système classique engendre un nouvel univers parallèle. Celui-ci n'est pas situé quelque part dans l'espace ou le temps : il est « autre part » au sens le plus radical du terme.

Testabilité : très difficile. Il est en principe possible, via la cosmologie quantique, de mettre à l'épreuve cette interprétation mais, dans les faits, les propositions suggérées ne sont pas utilisables pratiquement.

Multivers temporels sans changement des lois

Dans la cosmologie cyclique conforme de Penrose, se succèdent des ères qui proviennent de transformations mathématiques effectuées quand l'espace est essentiellement vide.

Testabilité : assez facile. Des traces de phénomènes violents ayant eu lieu lors de l'ère précédente peuvent être observées sous forme de cercles dans le fond diffus cosmologique.

Multivers temporels avec possible changement des lois

En gravitation quantique à boucles, le Big Bang est remplacé par un grand rebond. Il y aurait donc un autre univers avant le nôtre. Lors du rebond, il est possible que les lois restent les mêmes mais il est également possible que les effets quantiques gigantesques changent un peu les constantes « fondamentales ».

Testabilité : assez facile. Le spectre de puissance du fond diffus cosmologique, surtout les modes B (objectif des prochaines générations d'instruments), pourrait garder des empreintes claires des effets.

Multivers de trous noirs sans changement des lois

L'extension naturelle de la métrique (géométrie) des trous noirs en rotation, ceux effectivement rencontrés en astrophysique, laisse apparaître une myriade d'hypothétiques univers.

Testabilité : difficile. Il n'y a pas de piste pour disposer d'observations directes. Seule une amélioration de la compréhension théorique semble pouvoir conforter ou invalider cette idée.

Multivers de trous noirs avec possible changement des lois

En gravitation quantique, il est possible qu'un trou noir « rebondisse » sur ce qui est considéré comme sa singularité centrale en physique classique. La matière pourrait alors émerger dans un univers-fils. Il est envisageable que les lois varient légèrement lors du rebond.

Testabilité : facile. Suivant ce scénario de sélection naturelle cosmologique, les lois de la nature devraient être optimisées pour la formation de trous noirs. Ce qui peut être vérifié.

Multivers spatiaux sans changement des lois

En relativité générale, il peut advenir (dans deux des trois géométries possibles en cosmologie) que l'espace soit infini et que les univers (au sens des volumes de Hubble) y soient donc en nombre infini.

Testabilité : facile. Il suffit de mesurer la courbure de l'espace pour connaître sa géométrie et son éventuelle infinitude (si l'on suppose la topologie connue).

Multivers spatiaux avec possible changement des lois

Dans le cadre de l'inflation, une structure de multivers en arborescence apparaît naturellement. S'il existe un potentiel avec plusieurs minima locaux, les lois effectives peuvent changer.

Testabilité : moyenne. Le paradigme inflationnaire en lui-même est testable mais cette prédiction particulière est plus difficile à mettre à l'épreuve.

Multivers spatiaux avec changement des lois

Lorsque la théorie des cordes est conjuguée avec l'inflation, les différentes bulles d'univers sont alors décrites par des lois différentes donnant lieu à une immense diversité provenant des manières de compactifier les dimensions supplémentaires.

Testabilité : difficile. La théorie des cordes est en elle-même difficile à tester. Mais si celle-ci était suffisamment bien comprise pour que le paysage de ses lois devienne connu, il serait en principe possible de mener des prédictions probabilistes dans ce multivers.

*

* *

Tous les modèles convoqués pour ces multivers ne sont pas au même niveau de crédibilité. Certains (mécanique quantique ou relativité générale) sont extrêmement fiables. D'autres (théorie des cordes) sont très spéculatifs. D'autres enfin (inflation, géométrie interne des trous noirs) sont à niveau de vraisemblance intermédiaire.

Mettre le multivers à l'épreuve exige une double démarche. D'une part, il s'agit de tenter de tester son existence « en tant que tel » ce qui, étonnamment, est possible en termes statistiques mêmes si nous ne pouvons pas, par définition, visiter les autres univers. D'autre part, il est question de le corroborer indirectement en confortant les modèles qui le prédisent. Il est donc clair que les progrès ne pourront venir que d'un effort conjoint de la physique théorique, de la physique des particules et de la cosmologie observationnelle. Bien qu'il contribue à l'écriture d'un nouveau récit, le multivers ne s'extrait pas radicalement de la manière usuelle de pratiquer la science. Mais il fait violence à de nombreux présupposés qu'il est temps de déconstruire.

Ces univers multiples sont une proposition sur le monde. Mais ils sont aussi une proposition sur ce que nous attendons de notre science. Et, par-delà, ils sont, me semble-t-il, une invitation à s'innerver de tous ces mondes irréductibles au seul champ de l'astrophysique : les univers de la littérature, de la poésie et des arts, les univers animaux, les univers oniriques et symboliques… La diversité est toujours plus diverse qu'attendue. Elle se diffracte de l'intérieur et invite à plus d'humilité – parce que l'essentiel est *toujours* inconnu – et de courage – parce que découvrir l'autre est *toujours* nécessaire.

Pour aller plus loin

Pour les aspects scientifiques

Barrau A. *et al.*, *Multivers, les mondes multiples de l'astrophysique, de la philosophie et de l'imaginaire*, Paris, La Ville Brûle, 2010

Barrow J. , *Le livre des Univers*, Malakoff, Dunod, 2012

Carr B. (ed.), *Universe or Multiverse*, Cambridge, Cambridge University Press, 2009

Luminet J.-P., *Illuminations*, Paris, Odile Jacob, 2011

Rovelli C., *Et si le temps n'existait pas ?* Malakoff, Dunod, 2014

Smolin L., *La renaissance du temps,* Malakoff, Dunod, 2019

Smolin L., *Rien ne va plus en physique*, Malakoff, Dunod, 2007

Susskind L., *Le paysage cosmique*, Paris, Folio, 2008

Tegmark M., *Notre univers mathématique*, Malakoff, Dunod, 2018

Pour les aspects philosophiques

Barrau A. et Nancy J.-L., *Dans quels mondes vivons-nous*, Paris, Galilée, 2011

Goodman N., *Manières de faire des mondes*, Paris, Folio, 2006

Lepeltier T., *Univers parallèles*, Paris, Seuil, 2010

Lewis D., *De la pluralité des mondes*, Paris, Éditions de l'éclat, 2007

Martin J.-C., *Plurivers. Essai sur la fin du monde*, Paris, PUF, 2010

Nancy J.-L., *Le sens du monde*, Paris, Galilée, 1993

Rovelli C., *La naissance de la pensée scientifique : Anaximandre de Milet*, Malakoff, Dunod, 2020

Index

Table des matières

Dans la même collection

Aurélien Barrau, *Big bang et au-delà. Les nouveaux horizons de l'Univers*, 2019

Zygmunt Bauman, *Les riches font-ils le bonheur de tous ?*, 2019

Brian Cox, Jeff Forshaw, *Pourquoi E = mc² ? Et comment ça marche ?*, 2019

Brian Cox, Jeff Forshaw, *L'univers quantique. Tout ce qui peut arriver arrive...*, 2018

Marianne Freiberger, Rachel A. Thomas, *Dans le secret des nombres*, 2018

Olivier Dard, *Maurras. Le nationaliste intégral*, 2019

Viktor Frankl, *Le sens de ma vie. Autobiographie*, 2019

Paul Halpern, *Le dé d'Einstein et le chat de Schrödinger. Quand deux génies s'affrontent*, 2019

James Kingsland, *Bouddha au temps des neurosciences. Comment la méditation agit sur votre cerveau*, 2019

Christophe Lucand, *Le vin et la guerre. Comment les nazis ont fait main basse sur le vignoble français*, 2019

Jean-Pierre Luminet, Marc Lachièze-Rey, *De l'infini. Horizons cosmiques, multivers et vide quantique*, 2019

Xavier Mauduit, Corinne Ergasse, *Flamboyant Second Empire. Et la France entra dans la modernité...*, 2018

Natalie Petiteau, *Napoléon Bonaparte. La nation incarnée*, 2019

Jacques Portes, *La véritable histoire de l'Ouest américain*, 2018

Lee Smolin, *La renaissance du temps. Pour en finir avec la crise de la physique*, 2019

Thomas Snégaroff, *L'Amérique et son président, une histoire intime*, 2018

Thomas Snégaroff, *Star Wars. Le côté obscur de l'Amérique*, 2018

Thomas Snégaroff, *Kennedy. Une vie en clair-obscur*, 2017

Max Tegmark, *Notre univers mathématique. En quête de la nature ultime du réel*, 2018

Alberto Toscano, *Un vélo contre la barbarie nazie. L'incoyable destin du champion Gino Bartali*, 2019

Robert Wolke, *Ce qu'Einstein disait à son coiffeur. Des réponses décoiffantes à des questions de tous les jours*, 2019

Du même auteur

Big Bang et au-delà : Les nouveaux horizons de l'Univers, 2019

De la vérité dans les sciences, 2019

Au cœur des trous noirs, 2016

L'Animal est-il un homme comme les autres ? Les droits des animaux en question, avec Louis Schweitzer, 2018